复旦卓越·21世纪烹饪与营养系列

中国饮食文化史

编著 马健鹰
编委 贺芝芝 孙克奎

TWENTY-FIRST CENTURY
COOKING AND NUTRITION SERIES

复旦大学出版社
www.fudanpress.com.cn

前言

雄州泱泱，史程荡荡；英杰星灿，文明辉煌。纵观中华历史，以文明创造为发展主脉；文明创造，又以烹饪饮食独具特色。烹饪饮食，素为帝王庶民所重，帝王庶民，共呼"民以食为天"！中华如此历程，灼灼于世界民族之林。烹饪饮食活动，乃是人类生存之首要。文明演进之起步，世界任何一个民族的发展史，无不以该民族之烹饪饮食活动为起点，然大多民族在历史发展中，只将烹饪饮食视为果腹充饥与营养身体罢了，都未曾将重视饮食文明之创造贯彻于始终；唯中国，上自帝王将相，下至布衣黎庶，皆对烹饪饮食甚为关注。庖厨之事，自古不小：汤任伊尹为相，春秋易牙得宠，此后，梁人孙谦、北魏侯刚之辈，莫不以精于厨艺而得取高官厚禄。至于布衣平民，因高超庖术厨技而名传于世者不可胜数，膳祖、梵正、萧美人、王小余，身虽平民，然厨技卓越，为世人称道。"民以食为天"，并非空穴之风，中国自古以农立国，传统文化以"和"为最高境界，而烹饪饮食可谓"和"之大道，是故华夏民族创造文明以烹饪饮食为始，今以烹饪饮食之卓然盛态夺目于世，中国烹饪已独成一学，为世界文明作出巨大贡献。《诗·大雅·荡》云："靡不有初，鲜克有终。"抑或此之谓耶？

时逢今之盛世，国民经济发达，餐饮市场出现史无前例之繁荣，如此形势，更需培养造就大量烹饪生产与管理人才。培养人才，先行教材。烹饪学概论，即以研究中国烹饪学各学科性质、内容特点及学科间彼此关系为主要内容，乃是高等烹饪专业与高等餐饮服务专业之入门课与必修课。它从理论上对中国烹饪体系之各个组成部分给予提纲挈领之展示，使学生在理论上对中国烹饪有一整体宏观之把握，为学习其他专业课打好基础。另一方面，它从文化角度展现了中国烹饪所创造之高度物质文明与精神文明，学生在学习过程中应能从中深刻感悟中华民族烹饪文化之博大与深厚。鉴于烹饪专业与餐饮服务专业之教学积累和现今餐饮市场之变化规律，结合当前最新之烹饪理论研究成果，笔者编写本部《中国饮食文化史》教材，强调以下几点。

思想性 烹饪学概论乃为理论性较强之课程，倘无正确思想理论以指导编写，学生则不能系统深刻地掌握其学习内容，更不能学会看待事物与分析处理问题之正确方法。新编教材运用历史的科学的观点和理论与实际密切结合的思想方法，分析和总结中国烹饪在特定历史条件下，在多种因素综合制约中发展到今天。使

学生从新编教材中处处感受到中国烹饪之辉煌与所面临之挑战,正确把握中国烹饪发展规律,引导学生对中国烹饪做到扬长避短,弘扬传统,发挥优势,科学创新。

客观性 新编教材充分注意到烹饪学在近年来烹饪餐饮业中新的客观进展,充分考虑到高等餐饮管理与服务类专业学生之实际基础与客观需求,为学生开拓知识提供客观素材,加大近年来烹饪理论研究与餐饮市场方面出现的信息量,给学生以更为广阔自由之思想空间与创造空间,以提高学生独立思考能力和学术研究水平。

准确性 新编教材将借鉴以往教材编写之经验和教训,从教材体系制定到概念定义表达,从学术问题之理论阐述到学术思想之具体分析,力求准确严谨,对有争议之学术性问题,要进行客观的比较和分析,从而得出能为餐饮业认可并为广大学生接受的准确结论。准确性不仅是学术的基本特征,更是教材的生命所在,学生通过对教材的学习与把握,基本上能够感受准确的分析与表达是学术研究的必行之路,从而养成认真求实、严肃准确的良好治学作风与人生态度。

系统性 烹饪学是一门学科领域跨度广泛的课程,它涉及营养学、化学、生物学、物理学、医学、农学、水产学、林学、畜牧学、食品学、工艺学、民俗学、人类学、社会学、美学、哲学、历史学、考古学、语言学等多门学科,这就要求新编教材必须构建出科学完整之系统模式,形成内容全面、逻辑清楚、层次分明之科学体系,使烹饪学所涉猎各门学科皆能科学有序、深入浅出地为学生所掌握,使学生在学习过程中,能按照系统工程之递进模式循序渐进。

创新性 新编教材在章节结构、学术思想、案例选排、辅助阅读和课后习题方面将均有创新,使学生在真正感受新编教材所具备的知识性、可读性、趣味性和可操作性之同时,也培养学生在学术研究和实际运用中所应具备的创新精神。

实用性 学以致用,此乃学习之真正目的。新编教材将摒弃以往《中国饮食文化》教材不切实际、空洞说教之通病,密切结合餐饮业之实际需求,坚持理论、方法与案例相结合,定性研究与定量分析相结合,其理论既有对现实之归纳总结,又有自身之逻辑推演,从而揭示烹饪的本质及其发展规律。大量案例分析来源于餐饮企业实际操作与管理,使教材更具有现实指导性和实用性。

本教材在编写过程中,笔者就中国烹饪学各学科之内容与特点进行理论阐述,力求全方位把握和体现中国烹饪学之总体精神,既有一定深度,又根据教材使用对象之实际情况,力求行文通俗易懂。笔者诚望广大读者在阅读和学习使用本教材时,不断提出意见和建议,以便今后再版时修改和完善。

马健鹰

2011年3月

第一章 中国烹饪历史发展 1

第一节 中国烹饪的萌芽阶段 1
一、中国烹饪萌芽阶段的基本状况 1
二、中国烹饪萌芽阶段的文化特征 5

第二节 中国烹饪的形成阶段 5
一、中国烹饪形成阶段的社会背景 6
二、中国烹饪形成阶段所取得的重大成就 9

第三节 中国烹饪的发展阶段 20
一、中国烹饪发展阶段的社会背景 21
二、中国烹饪发展阶段所取得的重大成就 25

第四节 中国烹饪的成熟阶段 35
一、中国烹饪成熟阶段的历史背景 35
二、中国烹饪成熟阶段的文化成就 38

第五节 现代中国烹饪文化 46
一、烹饪工具与烹饪方式有了明显的变化,并趋于现代化 47
二、优质烹饪原料发展较快,品种增多 48
三、民族、地区及中外之间饮食文化与烹饪技术交流频繁 49
四、西方现代营养学对中国烹饪文化的影响 50
五、创新筵席大量涌现与饮食市场空前繁荣 50

同步练习 51

第二章 中国历史传承风味 53

第一节 宫廷风味 53
一、宫廷风味的历史沿革 54
二、宫廷风味的主要特点 60

第二节 官府风味 61
一、官府风味的历史面貌 61

  二、官府风味的基本特色 ································ 64
第三节 寺院风味 ································ 65
  一、寺院风味的发展历程 ································ 66
  二、寺院风味的烹饪特色 ································ 68
第四节 市肆风味 ································ 70
  一、市肆饮食的发展历程 ································ 70
  二、市肆饮食的基本特征 ································ 75
同步练习 ································ 76

第三章 中国古代烹饪文献 78

第一节 中国古代烹饪文献总述 ································ 78
第二节 中国烹饪古籍举要 ································ 82
  一、《吕氏春秋·本味篇》 ································ 82
  二、《齐民要术》 ································ 83
  三、《备急千金要方·食治》 ································ 83
  四、《茶经》 ································ 83
  五、《北山酒经》 ································ 84
  六、《山家清供》 ································ 84
  七、《饮膳正要》 ································ 84
  八、《云林堂饮食制度集》 ································ 85
  九、《居家必用事类全集》 ································ 85
  十、《饮食须知》 ································ 86
  十一、《易牙遗意》 ································ 86
  十二、《宋氏养生部》 ································ 86
  十三、《本草纲目》 ································ 87
  十四、《食宪鸿秘》 ································ 87
  十五、《调鼎集》 ································ 88
  十六、《随园食单》 ································ 88
  十七、《醒园录》 ································ 89
  十八、《素食说略》 ································ 89
同步练习 ································ 89

第四章 中国烹饪饮食思想 91

第一节 饮食与自然 ································ 91

  一、《黄帝内经》:"医食相通" ……………………………………… 91
  二、欧阳修:"饮食四方异宜" ……………………………………… 92
 第二节 饮食与社会 …………………………………………………… 93
  一、《礼记》:"夫礼之初,始诸饮食" ……………………………… 94
  二、《尚书》:"八政:一曰食……" ………………………………… 95
  三、《墨子》:"其为食也,足以强体适腹而已矣" ………………… 97
  四、《老子》:"五味令人口爽" ……………………………………… 97
 第三节 饮食与健康 …………………………………………………… 98
  一、《论语》:"食不厌精,脍不厌细" ……………………………… 99
  二、《闲情偶寄》:"饮食之道,脍不如肉,肉不如蔬" …………… 100
 第四节 饮食与烹调 ………………………………………………… 101
  一、《吕氏春秋》:"鼎中之变,维妙微纤" ……………………… 101
  二、《礼记》:"甘受和,白受采" ………………………………… 102
  三、范仲淹:"家常饭好吃" ……………………………………… 102
 第五节 饮食与艺术 ………………………………………………… 103
  一、《中庸》:"人莫不饮食也,鲜能知味也" …………………… 104
  二、苏东坡:"味外之美" ………………………………………… 104
  三、《建国方略》:"是烹调者,亦美术之一道也" ……………… 105
 同步练习 ………………………………………………………………… 106

第五章 中国烹饪饮食器具 107

 第一节 饪食具 ……………………………………………………… 107
  一、饪食具的诞生 ………………………………………………… 107
  二、中国饪食具发展过程的三个阶段 …………………………… 108
  三、中国古代饪食具的分类、命名和功能 ……………………… 109
 第二节 酒具 ………………………………………………………… 117
  一、中国酒具的历史演变 ………………………………………… 117
  二、中国古代酒具的分类 ………………………………………… 118
  三、中国古代酒具的造型与装饰艺术 …………………………… 118
 第三节 茶具 ………………………………………………………… 120
  一、古代茶具的种类 ……………………………………………… 120
  二、古代茶具的发展规律 ………………………………………… 121
 同步练习 ………………………………………………………………… 123

第六章　中国古代饮食风俗　124

第一节　日常食俗 …………………………………………… 124
第二节　人生礼仪食俗 ……………………………………… 127
　一、生育饮食习俗 ………………………………………… 127
　二、婚嫁饮食习俗 ………………………………………… 128
　三、寿庆饮食习俗 ………………………………………… 129
　四、贺庆饮食礼仪 ………………………………………… 130
　五、丧葬饮食习俗 ………………………………………… 130
第三节　主要节日食俗 ……………………………………… 131
　一、春节 …………………………………………………… 132
　二、元宵节 ………………………………………………… 133
　三、寒食节 ………………………………………………… 134
　四、端午节 ………………………………………………… 135
　五、乞巧节 ………………………………………………… 136
　六、中秋节 ………………………………………………… 136
　七、重阳节 ………………………………………………… 137
　八、腊八节 ………………………………………………… 138
　九、除夕 …………………………………………………… 140
同步练习 ……………………………………………………… 141

第一章 中国烹饪历史发展

中国烹饪文化有着悠久漫长的发展历程。在其整个发展历程中,中国烹饪文化以创造华夏文明史的中华民族及其祖先为主体,以祖国的物产为物质基础,以中华民族在历史演进的时序中所进行的饮食生产与消费的一切活动为基本内容,以不同时期烹饪活动中烹饪器械和烹饪技艺的不断出新为文化技术体系的发展主线,以中国人在饮食消费活动中的各种文化创造为文化价值体系的表现形态,由简而繁,与时俱进,潮起潮落,相激相荡,形成了宽广深厚的历史文化积淀。多年来,专家学者们从不同的角度对饮食文化的发展历史阶段做了各种形式的划分,皆有见地。本书根据中国烹饪文化在发展历程中自身表现出的时代特点,将中国烹饪文化的发展史分为萌芽阶段、形成阶段、发展阶段、成熟阶段和现当代阶段。以下是对中国烹饪文化各个历史阶段的发展状况据其特点进行的分述。

第一节 中国烹饪的萌芽阶段

 一、中国烹饪萌芽阶段的基本状况

我国夏代以前漫长的原始社会时期是烹饪文化萌芽阶段。

20世纪60年代,考古学家在云南省元谋县180万年前的古文化遗址中发现了大量的炭屑和两块被火烧过的黑色骨头。据此,很多学者猜测,距今180万年以前的元谋人已经发现甚至可能学会利用火了，但还没有证据表明当时的人类已经开始了用火熟食的尝试。

人类学会用火以前，是在茹毛饮血中走过了相当漫长的黑暗岁月。人类以火熟食，起初并非自觉。雷火燃起大片森林，许多动物未及逃脱而被烧死，先民

图 1-1 原始先民用火熟食

在火烬中发现烧熟的动物肉，吃起来觉得比生吞活剥的猎物美味百倍，后来在自然火灾中反复吃到这样的熟食，于是逐渐认识了火的熟食功能，自然火由此开始使用。人类在长期的劳动实践中（尤其是制造劳动工具时），发现了"木与木相摩则然（燃）"（《庄子》）的道理，从而悟出了"钻木取火"之法。这是我们的祖先对人类文明的巨大贡献。研究结果表明，人类发明钻木取火并开始了真正意义上的用火熟食，至少已有50多万年的历史，在北京周口店地区的原始人遗址中，发现了大量的灰烬层和许多被烧过的骨头、石头等，中国考古学家据此作出了这样的判断：距今50多万年的北京猿人已经能够发明火、管理火以及用火熟食了。

用火熟食，使人类从此告别了茹毛饮血的饮食生活，是人类最终与动物划清界限的重要标志。恩格斯在《自然辩证法》中指出了人类用火熟食的意义："（人类用火熟食）更加缩短了消化过程，因为它为口提供了可说是已经半消化了的食物。"并认为"可以把这种发现看作是人类历史的发端"。恩格斯称（用火）"第一次使人支配了一种自然力，从而最终把人同动物分开"。可以说，用火熟食既是一场人类生存的大革命，也是人类第一次能源革命的开端。用火熟食标志着人类从野蛮走向文明。用火熟食结束了人类生食状态，使自身的体质和智力得到更迅速的发展；用火熟食孕育了原始的烹饪，奠定了中国人烹饪史上一大飞跃的物质基础。中国烹饪的历史由此展开。

史前熟食，实际上就是先民以烤的方法为主的熟食阶段。从食物原料及其获取方式上看，当时先民们的食物原料来自自然生长的东西，获取

图 1-2 钻木取火

的方式主要是采集和渔猎。即在不同的季节中采集植物的果根茎叶,集体外出用石块、石球、木棒等围猎豪猪、狼、竹鼠、獾、狐、兔、洞熊、野驴等动物。值得一提的是,山西朔县、下川、沁水等旧石器文化遗址中出土了石簇,表明在距今近3万年前,先民们已开始使用弓箭这样的高级捕猎工具,获取动物肉食的效率大大地提高了。从调味方面看,旧石器时代晚期的先民们已经开始食用野蜜和酸梅了,也可能使用天然盐了(如远古先民可能有用舌头舔食岩盐之风),但文献和考古发现中并无先民用它们来调味的实例。当时人们的饮食极其简单,直接生食或熟食,目的是为了维持生命,在物质文明还未达到产生审美的高度时,人们的饮食还谈不上享受。进食方式也很简单,直接用手抓,最多配一些砍砸器、刮削器或尖状器,以便吸食骨髓和剔净残肉。

在整个原始社会里,我们的先祖在熟食活动中大致经历了火烹、石烹和陶烹三个阶段。第一阶段的火烹,就是将食物直接置于火上进行熟制。这是人类学会用火后最先采用的烹饪方法。具体的方法有古文献记载的将食物架在火上的燔、烤、炙、煨等。第二阶段的石烹,包括古文献记载的"炮"在内,充分表现出原始烹饪的进一步发展的史实,其实质就是先民在烤食过程中开始利用中介传热,以求食物的受热均匀,不致烤焦。《礼记·礼运》:"其燔黍捭豚。"注曰:"加于烧石之上而食之",显而易见,比火烹前进了一大步。另外,原始人还发明了"焗"、"石煮"等熟食方法。焗,就是将食物埋入烧热的石子堆中,最终使食物成熟。石煮,就是在掘好的坑底铺垫兽皮,然后将水注入坑中,再将烧红的石子不断地投入水中,水沸而使食物成熟。

在中国新石器时代文化遗址中,北方发现有粟和黍,如半坡文化遗址中有大量的黍、粟等谷类出土;南方有稻,如河姆渡文化遗址中发现了大量的粳、籼等稻类作物。这说明了当时的先民已开始了原始农业的生产。就养殖业而言,河姆渡人、半坡人已能圈养家畜、家禽。烹饪原料已有了相对稳定的来源。

考古研究表明,早在距今1.1万年以前,中国人就发明了陶器,中国原始先民的熟食活动进入了第三个阶段。我们的祖先通过长期的劳动实践(不排除炮食这一饪食活动)中发现,被火烧过的黏土会变得坚硬如石,不仅保持了火烧前的形状,而且不易水解。于是人们就试着在荆条筐的外面抹上厚厚的泥,风干后放入火堆中烧,待取出时里面的荆条已化为灰烬,剩下的便是形成荆条筐的坚硬之物了,这就是最早的陶器。先民们制作的陶器,绝大部分是饮食生活用具。在距今8000年至7500年前的河北省境内的磁山文化遗址中,发现了陶鼎,至此,严格意义上的烹饪开始了。在此后的河姆渡文化、仰韶文化、大汶口文化、良渚文化、龙山文化等遗址中,都发现了为数可观的陶制的饪食器、食器和酒器,如鼎、鬲等。在河姆渡遗址和半坡遗址中,发现了原始的灶,说明六七千年以前的中国先民就能自如地控制明火,进行烹饪了。陶烹是烹饪史上的一大进步,是原始烹饪时期里烹饪发展的最高阶段。

图1-3 新石器时期的陶烹

陶烹阶段在时间上与火烹阶段和石烹阶段相比要短得多,但它却是处于原始社会生产力发展最高水平时期。从原始先民的饮食生活质量角度而言,陶烹阶段大大地超过了前两个阶段。而原始农业和畜牧业的出现,粟、稻、芝麻、蚕豆、花生、菱角等农作物的大量栽培,一些人工种植的蔬菜进入人们的饮食活动之中;牛、羊、马、猪、狗、鸡等的大量养殖,加之弓箭、渔网等工具的发明和不断改进,这一切使原始先民饮食活动所需的烹饪原料要比采集和渔猎更为可靠和丰富,这些都为陶烹阶段的大发展提供了物质条件。

在中国烹饪的萌芽阶段末期,调味也出现了,此时人们已学会用酸梅、蜂蜜等调味。由于陶器的发明和普遍使用,使人们在运用陶器熟食时发现许多不同的烹饪原料间的混合烹饪会产生妙不可言的美味,特别是陶器的发明使"煮海为盐"有了必要的生产条件,用盐调味应运而生。也是由于陶器的发明,酿酒条件亦已具备,仰韶文化遗址中出土的陶质酒器,表明早在7000多年前,原始先民们已经初步掌握了酿酒。酒不仅可以用于直接饮用,且也作为调味品进入了人们的烹饪活动。至此,中国烹饪进入了烹调阶段。

我国原始社会的先民已开始朦胧地进行药膳。由于"饥不择食"、"茹毛饮血",再加上恶劣的自然环境,先民遭受许多疾病的痛苦。这个时期人们在寻觅食物时,有的误食某些食物,引起中毒,如呕吐、腹泻等;但有时无意间又食了一些其他食物,使呕吐、腹泻减轻,甚至消除。在生活实践中,人们就在腹泻时,吃一些止泻的食物,这样逐渐开始积累一些医药知识。

在新石器时代,人类定居下来,发展了农牧业。这个时期人类发明了陶器,因陶器可以煎熬药物和烹蒸食物,从而给人们提供了良好的条件。谷物发酵成酒也是这个时期发明的。人们在发酵的水果中发现了酒

图1-4 神农氏遍尝百草

的制作,后来人们认识到,酒"善走窜"、"通血脉"、"引药势",药物与酒结合既能治疗疾病,又可供人饮服,这样出现了药膳饮料的药酒,从而推动了医药和药膳的发展。

筵宴也是在这一时期产生的。中国远古时期人类最初过着群居生活,共同采集狩猎,然后聚在一起共享劳动成果。进入陶烹阶段后,人们开始农耕畜牧,在丰收时仍要相聚庆贺,共享美味佳肴,同时载歌载舞,抒发喜悦之情。《吕氏春秋·古乐篇》记载:"昔葛天氏之乐,三人操牛尾,投足以歌八阕。"当时聚餐的食品要比平时多,且有一定的就餐程序。另一方面,当时人们对自然现象和灾异之因了解甚少,便产生了对日月山川及先祖等的崇拜,从而产生了祭祀。人们认为,食物是神灵所赐,祭祀神灵则必须用食物,一是感恩,二是祈求神灵消灾降福,获得更好收成。祭祀后的丰盛食品常常被人们聚而食之。直至酿酒出现后,这种原始的聚餐便发生了质的变化,从而产生了筵宴。中国最早有文字记载的筵宴,是虞舜时代的养老宴。《礼记·王制》:"凡养老,有虞氏以燕礼。"孔颖达疏解读:"燕礼者,凡正享食在庙,燕则于寝,燕以示慈惠,故在于寝也。燕礼则折俎有酒而无饭也,其牲用狗。谓为燕者,《诗》毛传云:燕,安也,其礼最轻,行一献礼毕而脱升堂,坐至醉也。"可见,燕宴是一种较为简单、随便的宴席。

二、中国烹饪萌芽阶段的文化特征

综观整个中国烹饪的萌芽时期,可以看出有以下几个特点。

(1) 在整个中国烹饪文化史中,萌芽阶段的发展历程可谓最为漫长、最为艰难。从火的发现、利用到发明,从火烹、石烹到陶烹,从采集、渔猎到发明原始种植业、养殖业,不仅凝结着原始先民们发明创造的血汗和智慧,而且也说明生产力的低下,是阻碍烹饪发展变革的根本原因。

(2) 以火熟食和陶器发明,是中国原始烹饪文化发展的重要里程碑,它们不仅结束了人们的茹毛饮血的时代,更重要的是使中国社会文明出现了一次大飞跃。

第二节 中国烹饪的形成阶段

从夏朝到春秋战国近2000年是中国烹饪文化的形成阶段。

中国烹饪文化的历史长河中在这个时期出现了第二个高潮,烹饪文化初步定型,烹饪原料得到进一步扩大和利用,炊具、饮食器具已不再由原来的陶器一统天下,青铜制成的任食器和饮食器在上层社会中已成主流,烹调手段出现了前所未有的成就,许多政治家、哲学家、思想家和文学家在他们的作品中亮出了自己的饮食思想,饮食养生理论已现雏形。

一、中国烹饪形成阶段的社会背景

由于夏统治者的重视,中国已出现了以农业为主的复合型经济形态,农业生产已有了相当的发展。《夏小正》中有"囿(养动物的园子)有见韭"、"囿有见杏"的记录,这是关于园艺种植的最早记载。

商代统治者对农业也相当重视,殷墟卜辞中卜问收成的"受年"、"受禾"数量相当多,而且常进行农业方面的祭祀活动,商王亲自向"众人"发布大规模集体耕作的命令。商王还很重视畜牧业的发展,祭祀所用的牛、羊、豕经常要用上几十头或几百头,最多一次用了上千头。

周统治者对农业生产的重视程度与夏统治者相比可谓有过之而无不及,相传周之先祖"弃"(即后稷)就是农业的发明人。周天子每年要在初耕时举行"藉礼",亲自下地扶犁耕田。农奴的集体劳动规模相当大,动辄上万人。所以周天子的收获"千斯仓"、"万斯箱","万亿及秭"(见《诗经》),十分可观。

图1-5 殷墟卜辞

进入春秋战国时期,各国为了富国强兵,都把农业放在首位。齐国国相管仲特别提出治理国家最重要的是"强本",强本则必须"利农"。"农事胜则入粟多","入粟多则国富"(见《管子》)。新技术也不断出现,如《周礼》记载的用动物骨汁汤拌种的"粪种"、种草、熏杀害虫法等。战国时期,铁农具和牛耕普遍推广,荒地大量开垦,生产经验的总结上升到理论高度。由于统治者对农业生产的重视,当时还出现了以许行为首的农家学派。而畜牧业在当时也很发达,养殖进入了个体家庭,考古发现中山国已能养鱼。农业的发达,养殖畜牧等副业的兴旺,为烹饪创造了优厚的原料物质条件。

手工业技术在夏至战国期间所呈现出的特点是分工越来越细,生产技术越来越精,生产规模越来越大,产品的种类越来越多。夏代已开始了陶器向青铜器的过渡,夏代有禹铸九鼎的传说,商周两代的青铜器已达到炉火纯青的程度。像商代的司母戊大方鼎,其高137厘米,长110厘米,宽77厘米,重达875千克,体积之庞大、铸艺之精良、造型之美妙,堪称空前。1977年出土于河南洛阳北窑的西周炊具铜方鼎,高36厘米,口长33厘米,宽25厘米,形似司母戊大方鼎,四面腹部和腿上部均饰饕餮纹,实乃精美之杰作。而战国时发明的宴乐渔猎攻战纹壶,壶上的饰纹表现了当时的宴飨礼仪活动、狩猎、水陆攻战、采桑等内容。当时的晋国还用铁铸鼎。不过,这些精美的青铜器都是贵族拥有的东西,广大农奴或平民还是使用陶或木制的烹煮、饮食器具。而河北藁城台西村发现的商代漆器残片说明,最迟在商代已出现了漆器,至春秋战国时,漆器已相当精美,漆器中的餐饮具种类也不少。

图1-6　司母戊大方鼎

《尚书·禹贡》中把盐列为青州的贡品,山东半岛生产海盐已很有名。春秋时煮盐业已产生,齐相管仲设盐官专管煮盐业,从《管子》一书看,不但"齐有渠展(古地名)之盐",而且"燕有辽东之煮"。据《周礼》记载,还有一种"卵盐",即粒大如卵的块盐也出现了。

夏、商两代的酿酒技术发展得很快,这主要是由于统治者嗜酒的原因,"上有所好,下必盛焉"。《墨子》中讲夏王启"好酒耽乐",《说文解字》中讲夏王少康始制"秫酒",而《尚书》及《史记》中都记述了商纣王更作酒池、肉林,"为长夜之饮",可见,夏商时期的酿酒业是在统治者为满足个人享乐的欲求中畸形发展起来的。商代手工业奴隶中,有专门生产酒器的"长勺氏"、"尾勺氏"。从商代遗址出土的青铜器中,有许多是盛酒的酒器。由于农作物等农业的发展,用谷物酿酒也随之得到了发展。酒在医药中的重要作用,会"邪气时至,服之万全……当今之世,必齐毒药攻其中,砭石针艾治其外也"。《吕氏春秋》记载伊尹与商汤谈论烹调技术:"调和之事,必以甘辛酸苦咸,先后多少,其齐甚微,皆有自起。""阳朴之姜,招摇之桂。"这里不仅阐述了药膳烹调技术,同时指出了姜、桂既是食物,又是药物;不仅是调味品,而且是温胃散寒的保健品。东汉张仲景的桂枝汤,就是一个典型的药膳方剂,其中桂枝、芍药、甘草、生姜、大枣等,就有四味是食物,只有芍药一味是药物。这一药膳古方,可能是当时药物与食物用于治疗疾病而发展起来的药膳方剂。

至周代初期,统治者们清醒地意识到酒是给商纣王带来亡国灾祸的重要原因,对酒的消费与生产都作出过相当严厉的控制性规定,酿酒业在周初的发展较缓慢。当然,这并不意味着统治者们对酒"敬而远之",周王室设置了专门的官员"酒正"来"掌酒之政令",并提到利用"曲"的方法,这可以说是我国特有的方法。欧洲19世纪90年代才从我国的酒曲中提取出一种毛霉,在酒精工业中"发明"了著名的淀粉发酵法。

夏至战国的商业发展已有了一定的水平,相传夏代王亥创制牛车,并用牛等货物和有易氏做生意。有关专家考证,商民族本来有从事商业贸易的传统,商亡后,其贵族遗民由于失去参与政治的前途转而更加积极地投入商业贸易活动。西周的商业贸易在社会中下层得以普及,春秋战国时期,商业空前繁荣,当时已出现了官商和私商,东方六国的首都大梁、邯郸、阳翟、临淄、郢、蓟都是著名的商业中心。商业的发达,不仅为烹饪原料、新型烹饪工具和烹饪技艺等方面的交流提供了便利,同时也为餐饮业提供了广大的发展空间。

从夏商两代至西周,奴隶制宗法制度形态已臻完备。周代贯穿于政治、军事、经济、文化活动的饮食礼仪成了宗法制度中至关重要的内容,而周王室设计了表现饮食之礼的饮食制度,其目的就是通过饮食活动的一系列环节,来表现社会阶层等级森严、层层隶属的社会关系,从而达到强化礼乐精神、维系社会秩序的效果。因此,西周的膳食制度相当完备,周王室以及诸侯大夫都设有膳食专职机构,并配置膳食专职人员保证执行。据《周礼·天官冢宰》记载,总理政务的天官冢宰,下属五十九个部门,其中竟有二十个部门专为周天子以及王后、世子们的饮食生活服务,诸如主管王室饮食的"膳夫",掌理王及后、世子们饮食烹调的"内饔",专门烹煮肉类的"亨人",主管王室食用牲畜的"庖人"等等。

图1-7 《周礼》全面地载述了周王室膳食机构

春秋战国时,儒家、道家都从不同的角度肯定了人对饮食的合理要求,具有积极意义,如《论语》提到的"食不厌精,脍不厌细"、"割不正不食"、"色恶不食";《孟子》提出的"口之于味,有同嗜焉";《荀子》提出的"心平愉则疏食菜羹可以养口";《老子》提出的"五味使人口爽"、"恬淡为上,胜而不美"……所有这些都对饮食保健理论的形成起到了促进作用。阴阳五行学说具有一定的唯物辩证因素,成为构建饮食营养体系和医疗保健理论的重要理论依据。

二、中国烹饪形成阶段所取得的重大成就

中国烹饪文化在这一时期创造了辉煌的成就,从技术体系看,主要表现在烹饪工具、烹饪原料、烹饪技艺、美食美饮等方面;从价值体系看,则主要表现在百家提出的饮食思想与观念和建立食养食疗理论等方面。

(一)烹饪工具分门别类

饪食器与饮食器由原来的陶质过渡到青铜质,这是本阶段取得的伟大成就之一。但要强调的是,青铜器并没有彻底取代陶器,在三代时期,青铜器和陶器在人们的饮食生活中共同扮演着重要角色。保留至今的青铜质或陶质烹饪器具形制复杂,种类多样,这里只能分类举要。

1. 饪食及食器

饪食及食器主要有鼎、鬲(lì)、甗(yǎn)、簋(guǐ)、豆、盘、匕等。

鼎

《说文》将鼎解释为"和五味之宝器"。它不仅是远古先民重要的饪食器和食器,也是象征国家和统治者最高政治权力的王器。就类别而言,它有鼎、鬲、甗等之分。就盛放食物之用而言,它有牛鼎、羊鼎、豕鼎、鹿鼎等之分。就型制而言,它又有无足之镬、分档之鬲、大鼎之鼐、小鼎之鼒等之分。

鼎在周代的使用制度相当严格,大体可分三类:一是镬鼎,专作烹煮牲肉(祭祀的牲畜肉类)之用。二是升鼎,又称正鼎,古人将镬中煮熟的

图1-8 鼎

牲肉放入鼎中的过程谓之"升",故将升牲之鼎称做升鼎,依《左传》、《公羊传》等说法,"天子九鼎,诸侯七,卿大夫五,元士三也"。升鼎之数,一般要大于镬鼎,天子九鼎所盛之物:牛、羊、豕、鱼、腊、(牛羊的)肠胃、鲜鱼(生鱼片)、肤(肥猪肉)、鲜腊。升鼎的食品最后置于俎(盛放牲体的礼器,多为木制漆绘,也有用青铜所制)上,以供食用。三是羞鼎,又称陪鼎,用以盛放加入五味的肉羹。由于升鼎所盛之食是不加调料的,而这种淡而无味的食物很难下咽,贵族阶层平时所好的是备极滋味的肉羹,真正重视的也是这类佳肴,所以陪鼎应运而生。由于鼎是用以煮肉或装肉的,筵席上除了肉以外,还需要酒饭,因而鼎常同其他食器配合使用。

鬲

鬲是商周王室中的常用饪食器具之一。《尔雅·释器》中说:"鼎款足者谓之

图1-9 鬲

鬲。"其作用与鼎相似。最初形式的青铜鬲就是仿照陶鬲制成的,其状为口大、袋形腹,其下有三个较短的锥形足,这样就使鬲的腹部具有最大的受火面积,使食物能较快地煮熟。周代鬲的袋腹都很丰满,上口有立耳、颈微缩。因为三个袋腹与三足相连,而且鬲足较短,所以习惯上把袋腹称为款足。容庚在《殷周青铜器通论》一书中说:"鬲发达于殷代,衰落于周末,绝迹于汉代,此为中国这时期的特殊产物。"

甗

甗是商周时的炊食器,相当于现在的蒸锅。全器分上下两部分:上部为甑(zhēn),放置食物;下部为鬲,放置水。甑与鬲之间有箅(bì),箅上有通蒸汽的十字孔或直线孔。青铜甗也是由陶甗演变而来的,器形有独立甗、合体甗、方甗。1976年在河南省安阳妇好墓出土的三联甗就是合体甗。甗流行于商代至战国时期,尤其盛行于商周王室的饮食生活中,至汉代和鬲一起绝迹。

图1-10 甗

簋

按传统说法谓簋是盛煮熟的黍、稷等饭食之器。商周王室在宴飨时均为席地而坐,而且主食一般都用手抓,簋放在席上,帝王权贵们再用手到簋里取食物。《说文》:"簋,黍稷方器也。"偃师二里头遗址四期墓葬有陶簋出土,不少商代遗址中也多有发现,大都为圆器而非方器,即圆腹圆足。殷墟曾出土一件陶簋,里面盛有羊腿,由此可知,簋并不是盛饭专用器物。商后期至周初,青铜簋出现。1959年出土于山西石楼县的直纹簋,其上体似盆,腹深壁直,下接高圈足,足上有镂孔,腹、足均有细密的直纹带,夹以联珠纹。其实,簋在商代不很流行,商代礼器以酒器为主,簋的确是盛放食物的实用器。

图1-11 簋

图1-12 豆

豆

圆底高足,上承盘底。《说文》:"豆,古食肉之器也。"河北藁城台西商墓M105,随葬陶豆,豆中有鸡骨。殷墟出土陶豆中也发现有羊腿骨或其他兽类骨。可见《说文》所解"豆"义属实。但也不完全如此,《诗·大雅·生民》中说:"卬盛于豆,于豆于登,其香始升。"毛传:"木曰豆,瓦曰登,豆荐菹醢也。"孔疏:"木豆谓之豆,瓦豆谓之登,是木曰豆,瓦曰登,对文则瓦木异名,散则皆名豆。瓦豆者,以陶器质故也。"陶豆荐菹醢(zū hǎi),菹是咸菜、酸菜一类的食品,醢是肉酱。说明周人不仅用陶豆盛肉食,也盛菜蔬。《周礼·冬官·梓人》:"食一豆肉,饮一豆羹,得之则生。"表明在一般平民的生活中,陶豆既是食器,又是饮器。

盘

盘在周代常用来盛水,多与匜(yí形状像瓢)配套,用匜舀水浇手,洗下的水用盘承之。但盘早先是饮食或盛食器。在甘肃省永昌鸳鸯池一处新石器时代的墓葬中,发现过一个红陶盘,里面放着九件小陶杯,饮食时盘与杯配套,可供多人享用。夏商人又以之盛食,殷墟出土陶盘,其内残留着动物肢骨;而从小屯M233墓中出土的漆盘,也留有牛羊腿骨。

图1-13 盘

匕

匕(古作枇)是三代时期餐匙一类的进食器具,前端有浅凹和薄刃,有扁条形或曲体形等,质料有骨制、角制、木制、铜制、玉制等。孔颖达疏解《礼记》中的"角柶"说:"匕,亦所以用比取饭,一名柶。"匕、柶互训,一物而异名。《礼记》说:"柶,以角为之,长六寸,两头屈曲。"柶在实用时也可能略有别于匕,用来把肉类食物从容器中擗取出,还用于批取饭食。商代中期以后,贵族好以铜、玉制匕、柶进食。外形有贝形、尖叶形、平刃凹槽形、箕形,等等。造型纹饰风格多样。

2. 酒器

这是三代时期人们用以饮酒、盛酒、温酒的器具。在先秦出土的青铜器中,酒器的数量是最多的,商代以前的酒器主要有爵、盉(hé)、觚(gū)、杯等;商代以后,陶觚数量增多,并出现了尊、觯(zhì)等。商代,由于统治者嗜酒之故,酿酒业很发达,因而酒器的种类和数量都很可观。至周初,酒器型质变化不大,而数量未增。春秋以后,礼坏乐崩,酒器大增,且多为青铜所制。三代时期的酒器,就用途而言,酒器有盛酒、温酒调酒、饮酒之分。盛酒器主要有尊、觚、彝、罍(léi)、瓿(bù)、斝(jiǎ)、卣(yǒu)、盉、壶等,温酒调酒器主要有斝、盉等;饮酒器主要有爵、角、觥(gōng)、觯、觚等。

图 1-14 爵

3. 刀具

考古中发现夏代(二里头)的青铜刀,商代妇好墓中也有发现,但是否为烹饪专用还不能肯定。从兵器刀、剑及古籍记载中推测,烹饪专用青铜刀也应该在使用中了。

4. 辅助器

辅助器是指俎(zǔ)、盘、匜(yí)、冰鉴等。俎是用以切肉、陈肉的案子,常和鼎、豆连用。在当时俎既用于祭祀,也用于饮食。当时有"蘸俎"、"羔俎"的专用俎,一般用木制,少量礼器俎用青铜制作。1979年出土于辽宁省义县花儿楼的饕餮(tāo tiè)纹俎,长方形的面案中部下凹,呈浅盘状;案底有两个半环形鼻连铰状环,环上分悬有二铃;案足饰有饕餮纹。盘和匜是一组合器,贵族们用餐之前,由专人在旁一人执匜从上向下注水,一人承盘在下接,以便洗手取食食物。冰鉴是用以冷冻食物、饮料的专用器,先民在冰鉴中盛放冰块,将食物或饮料置其中,以求保鲜。

图1-15 俎

(二)烹饪原料品种繁多

这一时期的烹饪原料不断丰富,从考古发现和古籍中归纳,按类别可分为植物性、动物性、加工性、调味料、佐助料等五大类原料。

1. 植物性原料

植物性原料,有粮食、蔬菜、果品之分。

粮食:进入三代时期,粮食作物可谓五谷具备。从甲骨文和三代时期的一些文献记载看,当时已有了粟、粱、稻、稷、黍、稗、秫(糯)、苴、菽、牟、麦、来等粮食作物,说明三代时期的农业生产已很发达。

蔬菜:从《诗经》和三代时期文献记载看,三代的农业生产工具、技术和生产能力的提高,对蔬菜的种植起到了极大的推动作用,蔬菜的种植已具规模,从品种到产量都大有空前之势。当时先民所种植的蔬菜品种已有很多,诸如葑(蔓菁)、菲(萝卜)、芥(盖菜)、韭、薇(豌豆苗)、荼、芹、笋、蒲、芦、荷、茆(莼菜)、苹、菘(白菜)、藻、苔、荇、芋、蒿、蒌、葫、萱、瓠(瓠子)、蕡(苋菜)等。

果品:三代时的水果已经成为上层社会饮食种类中很重要的食物,水果已不再是充饥之物,而是在当时已有了休闲食品的特征。像桃、李、梨、枣、杏、栗、杞、榛、棣(樱桃)、棘(酸枣)、羊枣(软枣)、木且(山楂)等水果已成为当时人们茶余饭后的零食。这不仅说明了当时上层社会饮食生活较之原始时期已有很大改善,也说明了三代的种植业已有很大发展。

2. 动物性原料

动物性原料,有畜禽、水产和其他之分。

三代时期,人们食用的动物肉主要源于养殖和渔猎。在当时,养殖业比新石器时代有了很大的发展,从养殖规模、种类和数量上看,都达到了空前的高水平。但是,人们仍将渔猎作为获取动物类原料的重要手段之一,有两个很重要的原因:一是当时的农业生产水平还不能达到能真正满足人们的饱腹之需,这就制约了人们大力发展养殖业的能力和规模;二是当时宗教祭祀活动中祭祀所需动肉类食物的数量已到了与人夺食的程度,仅仅依赖养殖的方法去获取肉类食物是不行的。因此,三代时的肉类食品中有相当一部分源于捕猎。所以,在今人看来,三代时人们食用的动物类品种就显得很杂,如畜禽类有牛、羊、豕、狗、马、鹿、猫、象、虎、豹、狼、狐、狸、熊、罴、麇、獾、豻、貉、羚、兔、犀、野猪、狙、鸡、鸭、鹅、鸿(雁或天鹅)、鸽、雉、凫(野鸭)、鹑、鸮、鹭、雀、鸹(鸦)等;水产类有鲤、鲂(鳊鱼)、鳏(鲩鱼)、鲔(鲟鱼)、鲍(鲢鱼)、鳟、鳢(黑鱼)、鲋(鲫鱼)、鳅(泥鳅)、江豚、鮰(河豚)、鳻(斑鱼)、鲍、鲽(比目鱼)、龟、鳖、蟹、车渠、虾等。此外还有蜩(蝉)、蚁、蚺(蟒)、范(蜂)、乳、卵(蛋类)等。

3. 加工类原料

此类原料有植物性的也有动物性的。如稻粉(米粉)、大豆黄卷(豆芽)、白蘗(谷芽)、干菜、腊、脯、鱐(干鱼)、鲊(腌鱼)、鲊、腒(干禽)、熊蹯(熊掌)等。

4. 调味品

三代时期,特别是周代,统治者对美味的追求极大地促进了调味品的开发和利用,出现了很多调味品,诸如盐、醯(xī 醋)、醢、大苦(豆豉)、醷(梅浆)、蜜、饴(蔗汁)、酒、糟、芥、椒(花椒)、血醢、鱼醢、卵醢(鱼子酱)、蚳醢(蚁卵酱)、蟹酱、蜃酱、桃诸、梅诸(均为熟果)、芗(苏叶)、桂、蓼、姜、苴纯、茶等。其实当时的调味品还不止这些,如《周礼·天官·膳夫》中说供周王用的酱多达 120 种。

5. 佐助料

佐助料有两类:植物性的,如稻粉、榆面、堇、粉(以上均为勾芡料)、鬯(香酒);动物性的,如膏芗(牛脂)、膏臊(狗脂)、膏腥(猪脂或鸡脂)、膏膻(羊脂)、网油等。

(三) 烹饪工艺已趋精致

由于青铜烹饪工具的发明和使用,随着人们对自然界和人类社会的认识水平的大幅度提高,烹饪工艺在这一时期出现了一次巨大飞跃。

1. 对烹饪原料的科学认识与合理利用

三代时期,先民通过长期的饮食生活实践,在烹饪原料方面总结出一整套的规律和许多宝贵经验。如在动物性原料的选取方面,总结出"不食雏鳖,狼去肠,狗去肾,狸去正脊,兔去尻(尾部),狐去首,豚去脑,鱼去乙(乙状骨),鳖去丑(肛门)"(《礼记·内则》);在植物性原料的选取方面,总结出"枣曰新之,粟曰撰之,桃曰胆之,柤梨曰攒之";在酿酒方面,强调的是"秫稻必齐,曲蘖必时"和"水泉必香",只有对所用粮食、酒曲、水加以严格要求,才能酿出好酒。

2. 烹饪原料间的合理配伍

三代时期,在人们原烹饪原料及其内在关系的科学把握基础上,提出了应根据自身特点及相生相克关系对烹饪原料进行季节性的合理搭配。如《礼记·内则》:"脍(炒肉丝),春用葱,秋用芥;豚,春用韭,秋用蓼;脂用葱,膏用薤,和用醯,兽用梅。"

3. 具有一定水平的刀工技术

食酱,是当时人们饮食生活中一个重要的内容,甚至可以说是"礼"的规范,而制酱即"醢"需要一定的刀工技术,因此,在当时,掌握刀工技术是对厨师必不可少的普遍性要求。而《庄子》中著名的寓言"庖丁解牛",描述庖丁宰牛的分解技术出神入化,实际上很生动地反映出当时厨师对刀工技术的理想化要求,可以视为是当时厨师对刀工技术重要性与技巧性的认识。厨师在实践中也不断总结运刀经验,如《礼记·内则》中有"取牛肉必新杀者,薄切之,必绝其理"的记载,就是这方面的具体反映。

4. 进一步创新的烹调方法

新石器时代晚期流行的主要烹调方法有炮、炙、燔、煮、蒸(或腩)、露(卤或烙)等,到了三代时期,随着陶器向青铜器的过渡以及烹饪原料的扩大,烹饪技法又有了进一步的创新,如膗(红烧)、酸(醋烹)、濡(烹汁)、炖、羹法、齑法(碎切)、菹法(即渍、腌)、脯腊法(肉干制作)、醢法(肉酱制作)等。另外,此时所出现的"瀡瀡"、煎、炸、熏、干炒是一个飞跃。《礼记·内则》中有"瀡瀡以滑之"之语,意即勾芡,让菜肴口感滑爽。同书说的"和糁",有人认为也是勾芡。书中还提到"煎醢"、"煎诸(之于)膏,膏必灭之"(将原料放入油中煎,油必漫过原料顶部)、"雉、芗、无蓼"(野鸡用苏叶烟熏,不加蓼草)、"鹑、瓠之蓼"(鹌鹑用蓼末塞入后蒸)。《尚书·誓》中说的"糁"这种面食,有人认为类似今天的炒米(麦),说明干炒已从烙中演变而出。特别是《周礼》所说的八珍中的"炮豚"等菜,开创了用炮、炸、炖多种方法烹制菜肴的先例,对后代颇有影响。

5. 调味

三代时期,由于统治者对美味的重视,调味已成为厨师的又一大技能。《周礼·食医》中说:"凡和,春多酸,夏多苦,秋多辛,冬多咸,调以滑甘。"这就是当时厨师总结出的在季节变化中的运作规律。而《吕氏春秋·本味》所论则更为精妙,认为调味水为第一,"凡味之本,水为之始",而调制时,"必以甘酸苦辛咸,先后多少,其齐甚微,皆有自起"。故调味之技、之学很高深:"鼎中之变,精妙微纤。口弗能言,志弗能喻。"这样制出的菜肴才能达到"久而不弊(败坏)、熟而不烂,甘而不哝,酸而不酷,咸而不减,辛而不烈,淡而不薄,肥而不脓(腻)"的效果。当时厨师总结出的调味经验往往又成为政治家、哲学家们弘扬己论的借喻。如《国语·郑语》载史伯论及"和实生物"的哲学命题时说:"味一无果。"这是说相同的滋味之间相调和,是不会产生变化结果的。又如《左传》昭公二十年载,齐国国相晏婴在论及"和"与"同"、君与臣之间的关系时就说:"齐之以味,济其不及,以泄其过。"这是说调味品的作用是将乏味变为美味,化腐朽为神奇。

(四)烹饪名家纷纷涌现

相传夏代的中兴国君少康曾任有虞氏的庖正之职。而伊尹曾是商汤之妻陪嫁的媵臣,烹调技艺高超,而商汤因其贤能过人,便举行仪式朝见他,伊尹从说味开始,谈到各种美食,告诉商汤,要吃到这些美食,就须有良马,成为天子,而要成为天子,就须施行仁政。伊尹与商汤的对话,载于饮食文化史上最早的文献《吕氏春秋·本味》。易牙又叫狄牙,是春秋时齐桓公的幸臣,擅长烹调。传说他做的菜美味可口,故而深受齐桓公的赏识。但他在历史上的名声并不好,史书载,他为了讨好齐桓公,竟杀亲子并烹熟,以作为鼎食而敬献齐桓公。管仲死后,他与竖刁、开方专权,齐桓公死后,立公子无方而使齐国大乱。刺客专诸,受吴公子光之托,刺杀王僚。王僚喜食鱼,为此,他特向吴国名厨太和公学烹鱼炙,终成烹制鱼炙的高手,最后用鱼肠剑刺杀王僚成功。

图1-16 位于河南伊川县伊尹故里大莘店的伊尹碑

(五)食礼规定下的饮食结构

在秦汉以前的文献中,"食"与"饮"常常对举而出,如"饭疏食饮水"(《论语·述而》);"食饮不美,面目颜色不足视也"(《墨子·非乐上》);"食居人之左,羹居人之右"(《礼记·曲礼上》)。可见,古人的一餐,至少由"食"、"饮"构成,换言之,二者构成了最基本、最普遍的饮食结构。

食,在当时专指主食,如今天所谓的米食、面食之类。《周礼》有"食用六谷"和"掌六王之食"的文字,其中的"食"就是指谷米之食。据郑注,"六谷"为稌、黍、稷、粱、麦、苽,是王者及其宗亲的饭食原料。《礼记·内则》也有"六谷"之说,但是与郑司农所注的"六谷"不同,即"饭:黍、稷、稻、粱、黄粱、白黍,凡六"。并说:"此诸侯之饭,天子又有麦与苽。"(见陈澔注《礼记集说》)说法虽不尽同,但从历史的角度看,谷食称谓不同,往往可以反映出某种谷物的沉浮之变。

饮,其品类在三代之时有很多,在王室中,主要由"浆人"、"酒正"之类的官员具体负责。《周礼·天官·浆人》:"掌供王之六饮:水、浆、醴、凉、医、酏。"六饮,分释如下:

水,即清水;

浆,即用米汁酿成的略带酸味的酒;

醴,即一种酿造一宿而成的甜酒;

凉，虽为饮品，但当为以粮（炒熟的米、面等干粮）加水浸泡至冷的半饮半食之品，颇似今之北方绿豆糕、南方芝麻糊的吃法；

醷，即在米汁中加入醴酒的饮品；

酏，类似今天的稀粥。

可见，三代时期人们的饮品不仅在口味上有厚薄之异，而且在颜色上也有清白之分。必须指出，这些饮品都是当时王室贵族的杯中之物，平民的"饮"除水以外，都是以"羹"为常。最初的羹是不加任何调料的太羹，从《古文尚书·说命》"若作和羹，尔维盐梅"之句中得知，商代以后的人们在太羹中调入了盐和梅子酱。从周

图1-17　古人酿酒

代一些文献记载中得知，当时王侯贵族之羹有羊羹、雉羹、脯羹、犬羹、兔羹、鱼羹、鳖羹等等，平民食用之羹多以藜、蓼、芹、葵等代替肉来烹制，《韩非子》中的"粝粱之食，藜藿之羹"之语，描述的正是平民以粗羹下饭的饮食生活实况。根据食礼规定，庶民喝不上"六饮"，但羹不会没有。《礼记·内则》说："羹、食，自诸侯以下至于庶人无等。"陈澔注说："羹与饭，日常所食，故无贵贱之等差。"可见，周人的最简单的一餐中，食、饮皆不偏废。

膳，在周礼中规定士大夫以上的社会阶层于"食"、"饮"的基础上所加的菜肴，又称"膳羞"。膳，即牲肉烹制的肴馔；羞，有熟食或美味的意思。周代食礼对士大夫以上阶层明确规定："膳用六牲"(《周礼·天官·膳夫》)，依郑司农注，六牲，就是牛、羊、豕、犬、雁、鱼，它们是制膳的主要原料。在食礼规定中，膳必须用木制的豆来盛放。《国语·吴语》："在孤之侧者，觞酒，豆肉，箪食。"韦昭注说："豆，肉器。"高亨注说："木曰豆。"不同等级的人在用膳数量上也有区别，《礼记·礼器》："天子之豆二十有六，诸公十有六，诸侯十有二，上大夫八，下大夫六。"天子公卿诸侯阶层一餐之盛，由此可见一斑。《礼记·内则》说："大夫无秩膳。"秩，常也。就是说，士大夫虽也可得此享受，但机会不多。天子公侯才有珍馐错列、日复一日的排场。

（六）八珍及南北食风

从文献资料记载看，周代的烹饪技术大大地超过了商代，已经形成了色香味形这一中国烹饪的主要特点。这在周王室所常用的养老菜肴"八珍"即可见一斑。《礼记·内则》记有"八珍"及烹调方法，略述如下：

一是淳熬，即用炸肉酱加油脂拌入煮熟的稻米饭中，煎到焦黄来吃。

二是淳母,制法与淳熬同,只是主料不用稻米,而用黍。

三是炮,就是烤小猪,用料有小猪、红枣、米粉、调料,经宰杀、净腔、酿肚、炮烤、挂糊、油炸、切件、慢炖八道工序,最为费事,非平民所能受用之味。

四是捣珍,即用牛、羊、鹿、麋、麇五种里脊肉,反复捶击,去筋后调制成肉酱。

五是渍,即把新鲜牛肉逆纹切成薄片,用香酒腌渍一夜,次日食之,吃时用醋和梅酱调味。

六是熬,即将牛、羊等肉捶捣去筋,加姜、桂、盐腌干透的腌肉。

七是糁,即将牛、羊、豕之肉,细切,按一定比例加米,作饼煎吃。

八是肝膋,即取一副狗肝,用狗的网油裹起来(不用加蓼),濡湿调好味,放在炭火上烤,烤到焦香即成。

图1-18　周代"八珍"菜单

可以说,"八珍"代表了北方黄河流域的饮食风味,此外,如《周礼》、《诗经》、《孟子》等文献所记录的饮食同样具有北方黄河流域的文化特点,主食是黍、粟之类,副食多为牛、羊、猪、狗之类;而以《楚辞》中《招魂》、《大招》为代表所记录的主食多为稻米,副食多水产品,至于"吴醴"、"吴羹"、"吴酸"、"吴酪"等以产地为名的饮食品更体现了长江流域的食风。因此说,南北饮食的不同风格已经形成。

(七)宴饮制度下的燕乐侑食

夏商周三代的饮食活动,依其性状,大体可分两类:一类是每日常食;一类是筵席宴飨。每日常食,出于生理需要,基本固定化,习以为俗。筵席宴飨,起于聚餐,是人与人之间有了"礼"的关系后才逐渐形成的就餐方式。原始社会人们祀天祭地享祖先,氏族首领把祭食分与族人共食,大概可视为筵宴的滥觞。《礼记·王制》谓有虞氏养老用"燕礼",旧注以为,"燕者,殽烝于俎,行一献之礼,坐而饮酒,以至于醉"。这种直接出于"人伦"的共饮礼俗,也可视为最早的筵席之一。

夏朝的筵席形态已难以考察,相传当时已有宴乐宴舞,且编排有序,场面宏大,表演性强。在商王朝,筵席宴飨一般称为"飨",王所飨对象主要为王妃、重臣元老、武将、王亲国戚、诸侯、郡邑官员和方国君侯。宴飨的重要目的,就是对内笼络感情,即所谓"饮食可飨,和同可观"(《国语·周语中》),融洽贵族统治集团的人际关系;再有就是对外加强与诸侯、郡邑间隶属关系和方国"宾入如归"的亲和交好关系。这种以商王为主方以显其威仪气派的筵宴,是倨傲舒悦心态的表露,其大国的"赫赫厥声"(《诗·商颂·殷武》)的底蕴也每每漾溢于席面之间,政治的、精神的色调在商王朝的筵宴中表现得淋漓尽致。

另一方面,贵族阶层在筵宴其间总是离不开音乐,以乐侑食,早在夏代上层贵族阶层已甚流行。《夏书》言太康"甘酒嗜音",《竹书纪年》言少康时"方仪来宾,献其乐舞"。至商,乐舞盛逾夏代,贵族宴飨,几乎无不用乐,故有"殷人尚声"之说。特别是商纣王,"使师涓作新声、北里之舞、靡靡之乐,……以酒为池,悬肉为林,使男女倮相逐其间,为长夜之饮"。纵于美食声色,这就是商纣王败亡的重要原因。

图 1-19 以乐舞侑食

周代的宴饮不仅频繁,而且宴饮的种类和规仪不尽相同,较为重要的宴饮有以下几种。

祭祀宴饮:祭祀神鬼、祖先及山川日月后的宴饮。

农事宴饮:在耕种、收割、求雨、驱虫等活动之际。

燕礼:相聚欢宴,多指私亲旧故间的宴饮。

射礼:练习和比赛射箭集会间的宴饮。

聘礼:诸侯相互聘问(遣使曰聘)之礼时的宴饮。

乡饮酒礼:乡里大夫荐举贤者并为之送行的宴饮。

王师大献:庆祝王师凯旋而归的宴饮。

……

可以这样说,周人无事不宴,无日不宴,究其原因,这除了统治者享乐需求之外,还就是政治上的需要,即通过宴饮,强化礼乐精神,维系统治秩序。《诗·小雅·鹿鸣》尽写周王与群臣欢宴场面,《毛诗正义》对此发论说:"(天子)行其厚意,然后忠臣嘉宾佩荷恩德,皆得尽其忠诚之心以事上焉。上隆下报,君臣尽诚,所以为政之美也。"这一点与夏商时期天子大行宴饮之风的情况类似。在周人的宴饮制度中,在燕饮中以雅乐侑食是相当重要的内容。"燕"与"宴"有区别,一般性的聚饮谓之宴,私亲旧故谓之燕。燕必举乐,而宴就不一定了。周天子举办燕饮有四种情况:"诸侯无事而燕,一也;卿大夫有王事之劳,二也;卿大夫有聘而来,还,与之燕,三也;四方聘,客与之燕,四也。"(《仪礼·燕礼》贾疏)后三种情况虽与国事有关,但君臣感情笃深,筵席气氛依然闲适随和。燕中大举雅乐,侑食之乐还在其次,主要还是为了体现"为政之美"。在周人看来,音乐诗舞不适合燕礼,就会导致朝政紊乱,通过燕乐的作用,使尊卑亲疏贵贱长幼男女(周人归之为阴阳)的对立转为调和,和谐相处。流传至今的《诗·小雅》,其中相当多的诗篇为燕饮中的常举之乐,如《鹿鸣》、《四牡》、《皇皇者华》、《鱼丽》、《由庚》、《南有嘉鱼》等,起初都是燕乐。燕饮其间,唱这些曲目,不仅是因为礼制规定,而且这些曲目有表情达意的效果,在觥筹交错之中,可以造成愉快和谐、其乐融融的气氛。应该说,这是中国饮食文化特有的现象。

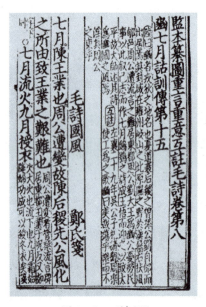

图1-20 《诗经》

总之,中国饮食文化的形成时期与中国的灿烂辉煌的青铜器文化时期正可谓同期同步,这一时期中国的饮食文化由于陶器转向青铜器的变化,生产力的提高,社会经济、政治、思想、文化的全面发展而跃上了一个新的水平,创造了多方面的光辉成就。从烹饪原料增加、扩充,烹饪工具革新,烹饪工艺水平创新提高,烹饪产品丰富精美,到消费多层次、多样化等,都形成了各自的特色和系统,并由此形成了中国传统烹饪体系,为中国传统烹饪的发展奠定了坚实的基础。

第三节　中国烹饪的发展阶段

从公元前221年到公元960年的秦到唐代,其间历时1 200多年,中国烹饪文化在前期形成初步文化模式的基础上经历了一个发展壮大的重要时期。这一时期,中国烹饪文化承上启下,创造了一系列重要的文化财富,为后来中国烹饪文化迈向成熟开辟了道路。

一、中国烹饪发展阶段的社会背景

汉王朝建立后,统治者采取了重农抑商的政策,不仅大力鼓励农业生产,而且大兴水利,在关中平原,先后兴修了白公渠、六首渠、灵轵渠、成国渠等,同时还积极推广农业技术,如《氾胜之书》载:"以粪气为美,非必须良田,诸山陵近邑,高危倾阪及丘城上皆可为区田。"这对扩大耕地面积,集中有效地利用肥、水条件以获高产是大有成效的。另外,中原引进水稻种植技术,打破了水稻种植仅限于长江流域的局面。一系列的积极措施,使农业生产得到了高速发展,到汉文帝时,粟价每石仅"十余钱"(见《汉书·律书》),全国上下官仓谷物充盈。东汉,在牛耕技术已经普及的同时,统治者加强了水利工程的修复和兴建,农业生产水平又有了进一步的提高。魏晋南北朝时期,南方相对稳定,北方先进的农业生产技术南传,使南方水田扩大,稻产量高于黍、麦,"一岁或稔,则数岁忘饥"(《宋书·孔季恭传后论》)。北魏在孝文帝改革后,生产力得到相当恢复,从而出现《齐民要术》这样的农学巨著。唐王朝到开元、天宝年间,"河清海晏,物殷俗阜","左右藏库,财物山积,不可胜数,四方丰稔,百姓殷富"(见郑綮《开天传信记》)。茶树种植面积遍及五十多个州郡,茶叶产量大增,名茶品种增多。

图1-21 《农耕图》

秦时已有利用地温培植蔬菜,汉代出现了温室。如《汉书·召信臣传》载,在皇室太官经营的园圃中,"种冬生葱韭菜茹,覆以屋庑,昼夜燃蕴火,待温气乃生"。可以说,利用温室栽培蔬菜,是秦汉时期蔬菜种植技术发展的一项突出成就。西汉以后,中国与西亚、中亚商贸往来增多,西域的石榴、核桃、苜蓿、蚕豆等传入中国,影响很大。东汉时灵帝喜欢吃少数民族的饭食,以至于"京都贵戚皆竞为之"(见司马彪:《续汉书·五行志》)。到了唐代,温室种菜更为普及,或利用温泉水,或利用火(王建《宫前早春》诗中说:"内苑分利温泉水,二月中旬已进瓜。"《太平御览》卷976:"坭面微火煦之……让皇帝之彝了……比是非时瓜果及马牛驴犊之肉。")。养殖业前进了一大步,鸡、猪圈养在全国已很普遍。西汉已引驴、骡、骆驼入内地,选择良种配殖家畜。在汉代,大规模陂池养鱼已经出现,唐代取得了混养皖(草鱼)、青、鲢、鳙的技术突破。驯养水獭捕鱼之法在唐人写的《酉阳杂俎》中已有记载。从南北养殖鱼种的类别来看,北方以鲤鱼、鲫鱼、鲂鱼为主,南方淡水鱼品种较丰富,除鲤、鲫、鲂之外,还有武昌鱼、鲈鱼、青鱼、草鱼、鳙鱼等。而三国吴人沈莹在其所著的《临海水土异录志》中,记载了东南沿海一带出产的各种鱼类等海鲜多达近百种,其中绝大多数品种的海鲜均为当地人民所喜食,反映了这一时期人类开发利用海鲜资源的能力在提高。

汉代,由于冶金技术的发展,青铜冶铸业的地位已经下降,铁已用来制造烹饪器具,如刀、釜、炉、铲、钳等。可以说,冶金技术到西汉已达到较为成熟的阶段,河南南阳瓦房庄就出土了一只直径2米的大铁锅,说明铸造技术已很先进。钢制刀具和铁锅的出现、普及,使烹饪工具和烹饪工艺又产生了一次飞跃。汉代的错金银和镶嵌技术水平已很高,生产出了很多名贵的餐饮器具。唐代金银加工技术相当高超,还发明了一种"金银平托"工艺,所制饮具甚为美观。唐代制作出可以推动移位的辘炉和用于原料加工的刀机。西汉到东汉先用铜镜阳燧取火,后用玻璃制阳燧,可直接在阳光下取火。五代发明了"火寸"。

图1-22 竹木制蒸笼早在南北朝时即已被发明使用

南北朝时已用竹木制作蒸笼和面点模具。西汉时北方还出现水推磨、碾,是粮食原料加工机械的一次革新。唐代的高力士堵截沣水,制造出五轮并转的碾,每天磨麦达三百斛。

秦汉漆器工艺高超,漆器生产的分工已很细密,"一杯棬用百人之力,一屏见就万人之功"(《盐铁论·散不足》)。长沙马王堆一号、二号、三号汉墓出土漆器达七百余件,其量大质优,令人叹为观止。南北朝的脱胎漆器工艺和唐代的剔红工艺,不仅充分展示了这一时期漆器艺术的精美水平,也反映了漆器在此时期人们的饮食活动中所处的重要位置。而陶瓷烧造技术也有了空前的提高。秦始皇陵兵马俑证明大陶器的烧造技术问题已解决。瓷器工艺经三国到两晋已转向成熟,瓷器逐渐代替漆器成为人们普遍使用的餐具。唐代南方越窑系统青瓷被陆羽誉为"类冰"、"类玉",秘色瓷有"九天见露越窑开,夺得千峰翠色来"之赞。北方邢窑白瓷被杜甫誉为"类银"、"类雪"。五代北方柴窑的产品亦有"雨过天青"的美名。

盐业生产在这一时期也得到了很大发展。汉时,人们对食盐非常重视,称其为"食肴之将"(《汉书·食货志》)、"国之大宝"(《三国志·魏书·卫觊传》)。根据文献记载可知,当时人们平均每月的食盐量在三升左右,这就使当时的盐业生产有着相应的发展规模。当时人们已能生产池盐、井盐、海盐、碱制盐,东汉时已用"火井"即天然气煮盐(见左思《蜀都赋》)。唐代盐的花色品种很多,颜色有赤、紫、青、黄,造型有虎、兔、伞、水晶、石等状。酿酒业在此时期也有很大发展。《方言》所载曲名有八种,其中的"䴷"为饼曲,说明当时已能培养糖化发酵能力很强的根霉菌菌种了。从魏、晋,一直到唐,上层社会的"士"们饮酒之风大盛,酒的种类也越来越多,出现了很多名酒。唐代葡萄

图1-23 古代盐场

酒的制法也从西域传入内地。《新唐书·高昌传》说,唐太宗时就已从西域引种马奶葡萄,"并得酒法,上捐益造酒。酒成,凡有八色,芳香酷烈,味兼醍盎"。

秦汉以来,统治者为便于对全国各地的管辖,很重视道路交通的建设。从秦筑驰道、修灵渠,汉通西域,到隋修运河,交通的便利在客观上大大促进了国内与周边国家以及中亚、西亚、南亚、欧洲等地的经济、文化交往。到了唐代,驿道以长安为中心向外四通八达,"东至宋、汴,西至岐州,夹路列店肆待客,酒馔丰溢"(《通典·历代盛衰户口》)。而水路交通运输七泽十薮、三江五湖、巴汉、闽越、河洛、淮海无处不达,促进了经济的繁荣。从秦汉始,已建起以京师为中心的全国范围的商业网。汉代的商业大城市有长安、洛阳、邯郸、临淄、宛、江陵、吴、合肥、番禺、成都等。城市商贸交易发达,"通都大邑"的一般酒店家,就"酤一岁千酿,醯酱千瓨,酱千儋,屠牛羊豕千皮",饮食市场"熟食遍列,肴旅成市"(《盐铁论·散不足》)。从《史记·货殖列传》得知,当时大城市饮食市场中的食品相当丰富,有谷、果、蔬、水产品、饮料、调料等等。交通发达的繁华城市中即有"贩谷粜千钟",长安城也有了鱼行、肉行、米行等食品业,史料上记载的靠卖胃脯为业的浊氏和靠卖浆为生的张氏,皆因所操之业而富,说明当时的餐饮市场已很发达。另据史料载,东晋、南朝的建康和北魏的洛阳,是当时南北两大商市。城中共有110坊,商业中心的行业多达220

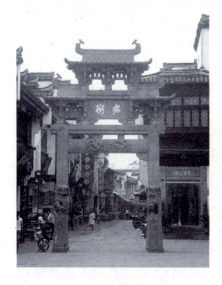

图1-24 古街遗址

个,国内外的商品都可在此交易。特别是"胡食",即外国或少数民族食品,在许多大商业都市中颇有席位,胡人开的酒店如长兴坊饆饠店、颁政坊馄饨店、辅兴坊胡饼店、永昌坊菜馆等,这些餐饮业已出现于有关文献史料记载中。"胡食"、"胡风"的传入,给唐代饮食吹来一股清新之气,不仅"贵人御馔尽供胡食"(《新唐书·回鹘传》、《旧唐书·舆服志》),就是平民也"时行胡饼,俗家皆然"(慧林:《一切经音义》卷37)。而且许多诗人对此有论。如李白《少年行》诗云:"五陵年少金市东,银鞍白马度春风。落花踏尽游何处,笑入胡姬酒肆中。"另,杨巨源《胡姬词》亦云:"妍艳照江头,春风好客留。当垆知妾惯,送酒为郎羞。香度传蕉扇,妆成上竹楼。数钱怜皓腕,非是不能愁。"其又云:"胡姬颜如花,当炉笑春风。笑春风,舞罗衣,君今不醉当安归!"餐饮业之盛,由是可见。

经济的发展,餐饮业的兴旺,使当时的宴饮出现了新的变化,市面宴会也非旧时可比,如长安,"两市日有礼席,举铛釜而取之"(见李肇:《国史补》)。几百人的酒席立时三刻即可办齐。除长安外,洛阳、扬州、广州也是中外富商巨贾荟萃之地。当时已有"扬一益二"之说(见洪迈:《容斋随笔·唐扬州之盛》),"腰缠十万贯,骑鹤下扬州"、"春风十里扬州路"都是对当时扬州繁华的赞辞。长安、扬州、汴州等大城市甚至于一些中等城市也出现了夜市。唐代还出现了茶叶交易兴盛的商市,如饶州、蕲州、祁州等。很多大城市的店铺还连带卖茶。

在饮食文化交流方面,这一时期也出现了许多令后人喝彩的史实。隋唐时对外交流更为频繁,长安、洛阳、扬州都是重要的国际贸易城市,在相互交流中,中国的瓷器、茶叶、筷子、米、面、饼、馓子、牛酥和烹制馄饨、面条、豆腐之法与茶艺、饮酒等习俗传入日本。茶叶、瓷器也传入朝鲜,酒曲制作方法也经朝鲜传入日本。西域的饮食如烧饼、饆饠、三勒浆、龙膏酒等,果蔬如波斯枣、甜瓜、包菜、偏桃等,印度的胡椒、茄子,尼泊尔的菠菜、浑提葱,泰国的甘蔗酒,印尼的肠琼膏乳、椰花酒,越南的槟榔、孔雀脯等也传入了中国。唐太宗还派人去印度学制糖技术(以上内容见慧林:《一切经音义》卷37、《隋书·王邵传》、《太平御览》卷974、《岭南录异》、《真腊风土记》、《酉阳杂俎》、〔日本〕中村新太郎《日中两千年》(张伯霞译)、〔日本〕真人元开《唐大和尚东征传》、《新唐书·摩揭陀传》、《大唐西域记》、《西域求法高僧传》等)。唐与周边的吐蕃、回鹘也有着饮食文化交流。文成公主远嫁西藏,配与松赞干布,带去了中国烹饪的一些原料和烹饪方法,如制碾、制磨、种蔬菜、酿酒、打制酥油等,至今藏人还将萝卜称为"唐萝卜"。"自从公主和亲后,一半胡儿是汉家"说的就是这文化交流所产生的变化。考古发现吐鲁番唐代回纥人墓中有保存完好的饺子、多样小点心,也说明了中原食风对当地的影响。另外,宗教文化传入对中国饮食亦多有促进。一是回教清真饮食随阿拉伯人进入中国经商和定居传入大唐中土;二是佛教在东汉传入中国后,至南朝梁武帝崇佛吃素,形成寺院素菜风味,给中国烹饪添加了两笔浓彩。

总之,这一时期,作为中国饮食文化的发展时期,既是当时中国社会经济高度发展的结果,也是这一时期中国历史上多次大移民、民族大融合、文化重心大迁移等一系列客观刺激的必然。后来的中国饮食文化正是在这样的基础之上完成了她的成熟过程。

二、中国烹饪发展阶段所取得的重大成就

中国烹饪文化在这一阶段有着迅猛的发展,这一点首先离不开这一时期政治、经济、文化等诸多因素的互动作用。如果我们把这一阶段与前一阶段进行比较,自然会发现这一阶段在烹饪原料的开发利用,烹饪技术及烹饪产品的探索与创新,烹饪产品消费过程中文化创造现象的迭出以及烹饪文化理论的建树等方面,都表现出了前所未有的兴旺发展的景象。

(一) 烹饪原料

这一阶段烹饪原料无论是品种还是产量都大大地超过了过去,粮食产量的提高使人们饮食生活中的粮食结构出现了新的变化。汉代豆腐的发明对整个人类饮食文化作出了巨大贡献。而植物油用于人们的烹调活动之中,为烹调工艺的创新开拓了新的领域;各民族间的文化交流使域外的烹饪原料品种大量引进,进一步丰富了中国人的饮食生活,这一点仅从孙思邈《千金食治》录入的用于饮食疗病的 150 余种的谷、肉、果就可见一斑。

1. 传统的烹饪原料发生重大变化

在粮食生产方面,稻谷生产自古以南方地区为盛,到了唐代,中原地区的水稻生产技术大大提高,其中生产最盛的是郑白渠灌区,据称当时水稻的种植面积最多可达数万顷,总产量以百万石计。此外,同州一带的稻作也具有较大的规模。值得注意的是,当时关于种稻的记载,常常是和屯田及水利工程的兴修联系在一起的。粟米种植相当广泛,品种众多,到了《齐民要术》的成书时期,其品种已增加到 86 种之多。不过到了唐代,粟类的"五谷之长"的地位不仅受到了来自南方迅速发展的稻作的挑战,而且与中原地区的麦类作物平起平坐,人们饮食生活中的粮食结构正在发生着变化。汉代,蔬菜的种植,一是为了助食之用;二是为了备荒救饥之需。如汉桓帝曾因灾荒下诏令百姓多种芜菁,以解灾民饥荒之急(见《后汉书·桓帝本纪》)。但随着历史的发展,情况逐渐发生了变化,蔬菜品种大大增加,增加的途径主要有三条:一是野菜由采集逐渐转向人工栽培,如苦荬菜、蘑菇、百合、莲藕、菱、鸡头、莼菜等已由原来的野外采集食用发展为相继进入菜园成为栽培种类。二是由于不断栽培选育而不断产生新的蔬

菜变种,如瓜菜类中即有从甜瓜演变而来的越瓜,就是佐餐的蔬菜。诸如此类的还有先秦文献中记载的"葑",后来逐步分化为蔓菁、芥和芦菔等若干个品种。三是异域菜种不断传入,西汉汉武帝时期,张骞出使西域,为中西物质文化交流打开了大门,苜蓿、胡葱、胡蒜等由此传入,成为中国农民菜园中的新成员(图1-25)。魏晋以后,黄瓜、芫荽、莴苣、菠菜等纷纷入种本土。

图1-25 张骞出使西域,引进了很多烹饪原料

此外,这一时期还涌现出大量的原料名品,许多文献对此不乏载述,如西汉枚乘《七发》,列举了大量优质的烹饪原料,如"楚苗之禾,安胡之飰";《游仙窟》中记载了鹿舌、鹿尾、鹁肝、桂糁、豺唇、蝉鸣之稻、东海鲻条、岭南甘橘、太谷张公梨、北起鸡心枣等;《膳夫经手录》记载了奚中羊、蜡珠樱桃、胡麻等;《酉阳杂俎》记载了濮固羊、折腰菱、句容赤沙湖朱砂鲤等;《大业拾遗记》中记载了吴郡贡品海鯠干脍、石首含肚等;《无锡县志》记载了红莲稻等;《清异录》记载了冯翊白沙龙羊、巨藕、睢阳梨等;《国史补》记载了苏州伤荷藕;《长安客话》记载了戎州荔枝等;《岭表录异》记载了南海郡荔枝、普宁山橘子等;《新唐书·地理志》记载了海蛤、海味、文蛤、藕粉、卢州鹿脯等贡品。全国各地的特产烹饪原料在这一阶段的文献记载中可谓不胜枚举,极大地丰富了人们的饮食生活。另外,值得一提的就是豆腐的发明,据说淮南王刘安发明了豆腐,河南密县打虎亭一号汉墓有制豆腐图。《清异录》第一次用"豆腐"一词。这一发明,是中国人对世界饮食文明的一大贡献,今天,它已经成为世界各族人民喜爱的食品。

这一阶段动物性烹饪原料也发生了一些变化,一是肉类食物在整个膳食结构中的比重比前一阶段加大,二是不同肉畜种类,特别是羊和猪在肉食品种中的地位很重要。当然,鸡、鸭、犬、兔等肉类亦为厨中兼备之物。而狩猎业在这一时期仍为人们肉类食物的重要补充途径,在当时,狩猎的主要目的是为了获取野味肉食,所以这一时期的文献记载了不少关于烹调所用的猎获之物的种类,如《齐民要术》卷8、卷9中记载了许多有关野味的烹调方法,其中来自狩猎的主要有獐、鹿、野猪、熊、雁、雉等等;而孟诜在其《食疗本草》中也记载了鹿、熊、犀、虎、狐、獭、豺、猬、鹧鸪、鹌鸫、慈鸦等野味的食疗作用。这一时期的水产也很丰富,由于水产的养殖技术的提高,水产的品种和产量都大大地超过了前期。

图1-26 制豆腐图

2. 植物油的生产及在烹调中的使用

两汉以前,我国的食用油来自动物脂肪,植物油的利用似乎还未开始。但至魏晋南北朝时期,至少胡麻、荏苏、大麻和芜菁的籽实被用于榨油,这在《齐民要术》中有明确记载。另据《三国志·魏志》记载,当时已用"麻油"(芝麻油)烹制菜肴,后有豆油、苏油。《酉阳杂俎》记载唐代有专门卖油的人走街串巷。植物油用于炒、煎、炸,使唐代烹饪名品大增。植物油的出现,是中国饮食文化史上一个十分值得注意的事件,它实际上与我国烹饪技艺的重大变革——油煎爆炒的出现相联系。

(二)烹调工具及饮食器具

汉初,当上层社会列鼎而食的习俗逐渐消失后,人们开始在地面上用砖砌制炉灶。当时炉灶的造型和种类可谓变化多样,但总体风格是长方形的居多。东汉时,炉灶出现了南北分化。南方炉灶多呈船形,与南方炉灶相比,北方灶的灶门上加砌一堵直墙或坡墙作为灶额,灶额高于灶台,既便于遮烟挡火,也利于厨师操作。不论南方式还是北方式,炉灶对火的利用更加充分合理,如洛阳和银川分别出土了有大、小二火眼和三火眼的东汉陶灶。南北朝时期,可能受北方人南迁的影响,南方火灶也出现了挡火墙。汉代炉灶的形式有很多,有盆式、杯式、鼎式等。魏晋南北朝时出现了烤炉,可烘烤食物。唐代炉灶的形式多样,如出现了专门烹茶的"风炉",制作精妙。其他一些炉灶辅助工具如东汉时可置釜下可架火的三足铁架、唐代火钳等也在考古发掘时被发现。

早在战国时,铁器的使用及铁的冶炼

图1-27 汉代三眼灶

即已有之。到了汉代,铁器的冶铸技术水平已有提高,铁器已经普及生活的许多方面,如在烹调活动中铁釜和镬已普遍使用。到了三国时期,魏国已出现了"五熟釜",即釜内分为五档,可同时煮多种食物;蜀国还出现了夹层可蓄热的诸葛行锅。至西晋时,蒸笼又得以发明和普及,蒸笼的发明使中国的面点制作技术发生了相应的变化。《北史》载有一个称"獠"的少数民族,"铸铜为器,大口宽腹,名曰'铜爨',且薄且轻,易于熟食"。这就是我国最早的"铜火锅"。唐朝的炊具中还有比较专门和奇特的,如有专烧木炭的炭锅,还有用石头磨制的"烧石器",其功用很似今天的"铁板烧",但更为优良,冷却缓慢,可"终席煎沸"(见《岭表录异》)。

汉代,盛放食物的器具是碗、盘、耳杯等,一般为陶器,富有之家多用漆器。宫廷贵族又在漆器上镶金嵌玉。至魏晋南北朝,瓷质饮食器具在人们的日常饮食生活中日渐普及。唐代,我国瓷器生产步入繁荣,上自贵族,下至平民,皆用瓷质饮食器。此外,我国使用金银制品的历史也很悠久,汉代已经有了把黄金制成饮食器的记载,如《史记·孝武本纪》载李少君对武帝之言:"祠灶则致物,致物而丹砂可化为黄金,黄金成,以为饮食器,则益寿。"至魏晋南北朝时,因当时社会大盛奢靡之风,上层社会盛行使用金银制成的饮食器,如《三国志·吴志·甘宁传》载:吴将甘宁"以银碗酌酒,自饮两碗"。到了盛唐之时,这种奢靡之风就更不足奇了。

(三)烹饪工艺与饮食

由于灶、炉等烹饪设备相继出现并不断地得到改善,炊具种类不断增多并形成较为完整的功能体系。在烹饪技法方面,食品的蒸、煮、炮、炙技术不断得到提高,熬、炸方法也逐渐被发明并应用,原料配伍和调味技艺越来越讲究。在主食的烹制方面,两汉时期饼食开始出现,花样很多,"南人食米",自古皆然,而"北人食面",却并非有史以来即是如此,事实上,以面食为主食是北方人饮食变迁最为突出的成果之一,正是在秦汉以后,北方地区逐步改变了漫长的以"粒食"当家的主食消费传统,确立了以面食为主,面食、粒食并存的膳食模式,并一直延续至今。从刘熙《释名·释饮食》中可知,东汉时期已经出现了胡饼、蒸饼、汤饼、蝎饼、髓饼、金饼、索饼等。而崔寔《四民月令》中还载有煮饼、水溲饼、酒溲饼等。隋唐以后的文献所述及的饼类花色更是不胜枚举。大体而言,后世常用的烤烙、蒸、煮、炸四种制饼之法,当时均已出现。饭、粥的种类也进一步丰富起来,文献中常见的有粟饭、麦饭、粳饭、豆菽饭、胡麻饭、雕胡饭、橡饭等。

相比而言,秦汉以后的厨师在做菜方面所花费的心思和精力,要远远超过做"饭"。从某种程度看,菜肴的烹调更能充分显示中国饮食文化的多样性和独创性。仅以《齐民要术》为例,该书虽然未能囊括此前全部的菜肴珍馔,但足以反映当时菜肴的主要类别及烹调方法。从该书的记载看,蒸、煮、烤炙、羹臛等是当时人们最常用的菜肴烹调方法。与这些方法相比,炒法的出现要晚得多,这主要是受早期炊具形制和质地以及植物油料加工尚未发展起来等因素的制约。可以说"炒"是中国后世最为常用的一种菜肴烹调方法,几乎适用于一切菜肴原料,而且炒的种类变化甚多。

茶是这一时期出现的重要饮品。先秦以前,史料并没有人们饮茶方面的记载。大概自西汉后,中国人的饮茶才开始。西汉王褒在其《僮约》中,有"烹茶尽具"、"武阳买茶"的文字记载,是文的写作时间是汉宣帝神爵三年(公元前59年)。值得注意的是,最早开始喜欢饮茶的大都是文化人。魏晋南北朝后,在道、释之学大盛,谈玄之风正劲的社会环境中,僧侣、道士、士大夫颇尚饮茶。至隋唐,上自天子,下至平民,无不好茶。在此基础上,文人创造了茶艺。至此,市面上常见的名茶如雨后春笋般出现,如紫笋、束白、蒙顶石花、西山白露、舒州天柱、蕲门团黄、霍山黄芽等。

图1-28 《烹茗图》

此时期的酒的品种和名品可谓迭出。从马王堆《遗册》中可知,有温酒、肋酒、米酒、白酒的名称。枚乘《七发》中有"兰英之酒",说明先秦时的鬯酒至此已有了新的发展。从《四民月令》所述来看,东汉的"冬酿酒"和"椒酒"都属于在特定时间里酿造的酒。从《洛阳伽蓝记》所述可知,北魏人刘白堕可酿出"饮炎香甜,醉而经月不醒"的美酒。至隋,已有了"兰生"、"玉薤"等名葡萄酒。唐代是酒之国度,名酒倍出。从白居易、杜甫、王维、李白、王翰、朱放、李世民等人的诗文中可知,当时的主要名酒有杭州梨花酒、四川云南一带的曲米春、竹叶酒、兰陵酒、葡萄酒、松叶酒、醽醁酒、翠涛酒等。此外,还有乌程箬下春、荥阳土窟春、富平石冻春、剑南烧春、冯翊含春、阵筒酒、屠苏酒、兰尾酒、岭南椰花酒、沧州桃花酒、昌蒲酒、长安稠酒、马乳酒、龙脑酒、龙膏酒等等。

（四）风味流派

风味流派在这一时期已有了大致的眉目,主要表现于地域的分野与荤素菜的分岭。唐代以前,由于交通运输落后,商品的流通还很有限,只有上层社会和豪商巨贾才能独享异地特产,所以风味流派首先是建立在烹饪原料的基础之上,并受着烹饪原料的制约。西汉时,南方以水产、猪、水稻为主,而北方仍以牛、羊、狗、麦、粟等为主。在调味上,北方用糵(粟麦类)醋,南方用米醋。北方多鲜咸,蜀地多辛香,荆吴多酸甜。随着水陆交通的便利、商业经济的发展和饮食文化的交流，各地的饮食风俗又彼此相互影响。据《洛阳伽蓝记》载，南方人到洛阳后，也有很多人渐渐地习惯于食奶酪、羊肉，北方人也渐习啖茗与吃鱼。北方的名食以面食居多，而南方名食以米食居多。即使饮茶普及后，南北方的烹茶工艺、饮茶方法也有很大不同。唐代自陆羽后，南人渐习于研茶清煮，而北人仍惯于加料调烹，西北少数民族因食肉等原因，则更无清饮之习。与其他之地相比，岭南食风较为奇异，《淮南子》说"越人得蚺蛇（蟒）以为上肴"，《岭南录异》中所载种种奇食怪味及食用方法奇特之事，反映了岭南之地饮食风俗的个性特征。

早在先秦之时，荤素肴馔就有了分别，但形成流派则始于南朝。梁武帝笃信佛教，以身事佛，且躬亲食素，对荤素菜肴形成流派起到了推动的作用。他亲撰《断酒肉文》，号召天下万民食素，寺院素食渐成流派。北方也受及影响，如《齐民要术》中记载了十余种素菜。至唐，素菜制作出现了创新，出现以素托荤类的菜肴，以素托荤，就是形荤实素，据《北梦琐言》载，崔安替用面粉等素料，制出了豚肩、羊臛、脍炙等，生动逼真，可谓素菜荤制的开山之作。

图1-29 梁武帝撰写并颁布《断酒肉文》

这一时期的宫廷风味、官府风味在一定程度上也有了一定的发展。一般来说，宫廷菜的制作技术只限于宫中，很难在宫外餐饮市场露面，因而也难遇交流的机会，所以宫廷菜只是在皇族的范围内缓慢地发展着。至于官府菜，情况要好于宫廷菜的境遇。有些官员与其厨师共同研制独具自家风味的菜点，所以比起宫廷菜，官府菜的发展不仅快，而且呈现出百花竞放之势。市肆菜的主要特点是它具有商业经营的灵活性，如在长安，就可看到南北东西以至国外传进的许多食品，并形成了巨大的消费市场，即使是官府食品，也可以在市肆上仿制出来。如《资暇录》所记洛阳一家卖"李环饧"的食店，即唐高祖李渊之弟李环家厨师所创。此店在河中（今山西永济蒲州）、奉天县（今陕西乾县）还开有分店。当然市肆上大量出售的还是民间一般食品，其中不乏名品。

（五）宴饮消费与文人雅集

从历史发展规律看，社会稳定与否，往往会决定着人们饮食风尚的形成以及饮食消费的取向。而一个时代的宴席又往往最能体现出这个时代的饮食风尚与消费状况。

西汉在"文景之治"以后，宫中常设宴饮之会，汉帝"宴享群臣时，则实庭千品,旨酒万种,列金罍,班玉觞,御以嘉珍,飨以太牢。管弦钟鼓,必功八佾,同量并舞"(剪伯赞:《中国史纲》,第562页)。贵族宴会更是频繁,据《汉书·叙传》:"富平、定陵侯张放淳于长等始爱幸,出为微行,行则同舆执辔,入侍禁中,设宴饮之会,及赵、李诸侍中皆饮满举白,谈笑大噱。"宴饮场景之盛、气氛之浓,由此可见一斑。1973年,四川宜宾崖墓画像石棺内发掘出"厨炊宴客图",在挂有帷幔的屋内,正壁左角上挂有猪腿、鸡、鱼和地器物,其下一人跪坐,操刀在俎上剖鱼。屋内地上置一物,似是炉灶。右面对几跽坐、高冠长服者,应是主人,他左手端杯,伸出右手招呼客人,似示入席。而从《盐铁论·散不足》对民间酒会的描述中可知,列于案上的美食美饮实在是丰富至极:"殽旅重叠,燔炙满案,臑鳖脍鲤,麑卵鹑鷃橙枸,鲐鲤醢醯,众物杂味。"这还不算,其间还有"钟鼓五乐,歌儿数曹","鸣竽调瑟,郑舞赵讴"。

图1-30 汉代宴舞砖画

魏晋以后,宴会大行"文酒之风"。曹操父子筑铜雀台,其中一个重要的功能就是宴享娱乐。张华的园林会、王羲之的曲水流觞、竹林七贤的畅饮山林,文采凌俊,格调高雅,不仅对宴会的健康发展起到很好的推动作用,而且对文人饮食文化风格与文人饮食流派的形成与发展产生了很大的影响。南北朝时,宴会名目增多,目的性较强,如登基、封赏、祀天、敬祖、省亲、登高、游乐、生子、团圆等等,这些都促成了宴会主题的多元化。但贵族的奢靡之风也甚重,《梁书》卷38描述当时筵宴的奢华情景:"今之宴嬉,相竞夸豪,积累如山岳,列肴同绮绣。露台之产,不周一燕之资,而宾主之间裁取满腹,未及下堂,已同臭腐。"至唐代,中国的宴会已经发展到了一个新的高潮。文人士子聚饮之风愈炽愈盛,最为奢华、热闹的宴会莫如士子初登科及第、官员迁除之际所举办的"烧尾宴"、"樱桃宴",可谓各有内容。文人宴会更是情趣有加,文人雅士对宴饮场所的选择相当重视,他们的聚会宴饮并不囿于厅堂室内,如亭台楼阁、花间林下或者山涧清池才是他们更为理想惬意的宴饮场所。在宴饮过程中,他们也并非单纯地临盘大嚼,而是配合着许多充满情与趣的娱乐活动,或对弈,或听琴,或对诗赋,或行酒令,或品妓歌舞,或持杯玩月,或登楼观雪,或曲池泛舟。如白居易所设船宴,酒菜用油布袋装好,挂在船下水中,边游边吃边取(见白居易《宴洛滨》);又如《霓裳羽衣》曲与胡旋舞、舞马等就是皇家宴会的乐舞。在这样的宴饮过程中,参与者不仅口欲得到了满足,其听觉、视觉乃至于整个身心都得到了享受,在满足生理需要的同时,也获得了精神上的愉悦和快感,表现了文人雅士所特有的风雅情趣。

(六)烹饪饮食名家

这一时期的烹饪饮食名家较之先秦,不仅数量多,而且是真正意义上的烹饪饮食名家,没有先秦时那种由于政治的或哲学的需要在其论说中多举饮食烹饪之事而得美食烹饪名家的复杂情况。所以,这时期的烹饪名家基本上确实是因其精于烹饪而被载入史册的。五侯鲭的创始人是娄护,他亦可被视为杂烩的发明者。西汉的张氏、浊氏以制脯精美而成名。北魏刘白堕酿酒香美醉人,以至"游侠"们流传"不畏张公拔刀,惟畏白堕春醪"的话。北魏崔浩之母,口授烹饪之法于崔浩,才得以有《崔氏食经》传世。据《大业拾遗记》载,隋人杜济,创制石道含肚。人称"古之符郎今之谢枫",而谢枫乃是隋代著名的美食家,《清异录》中载他著有《淮南王食经》。唐代段文昌为"知味者",《清异录》说他"尤精膳事",他家的老婢女名膳祖,主持厨务,精于烹调之术。陆羽精于茶事,著有《茶经》,被后世尊为"茶圣"。五代有专卖节日食品的张手美,心灵手巧。花糕员外,其真名已无从所知,只知他在开封因卖花糕而闻名。从所列举的这些烹饪名家,便可窥出这一时期烹饪餐饮界高手如云的盛况。

(七)烹饪理论研究

烹饪技艺在这一时期的大发展,使烹饪理论研究在此时期呈现出前所未有的繁荣。有关资料显示,从魏晋到南北朝出现的烹饪专著多达38种之多,隋唐五代时烹饪专著有13种,总计50多种。可惜的是,有不少已在历史发展的过程中丢失了。今天可以看到的食文中,有的已残缺不整,如传为曹操所作《四时食制》,崔浩所作《食经》,南北朝的《食经》、《食次》等。而完全保存下来的,有唐代陆羽的《茶经》、张又新的《煎茶水记》等有关茶、水的专著。其中,陆羽的《茶经》因记述茶的历史、性状、品质、产地、采制、工具、饮法、掌故等而甚有价值,是世界上第一部关于茶的科学专著,由于其学术价值很高,故至今仍在海内外产生很大的影响。另外,西晋束皙的《饼赋》,讲述饼的产生、品种、功用和制作,可谓是关于饼的专论之文。还有很多值得一提的烹饪文献,如东汉崔寔的《四民月令》,这虽是部农书,但其中有关烹饪部分是制酱、酿酒、造醯及制作饼、脯、腊等,同时还提到一些饮食事项、宴享活动等方面的内

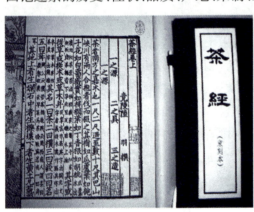

图1-31 陆羽《茶经》

容。北魏贾思勰所著《齐民要术》是我国第一部农学巨著,其中关于烹饪方面的内容具有较高的史料价值,书中不但保存了很多此前已经亡佚的烹饪史料,而且还收录了当时以黄河流域为中心、涉及南方、远及少数民族的数十种烹饪方法和200多种菜点。唐代段成式的《酉阳杂俎》,共20卷,续10卷,其中《酒食》卷中录入了历代百余种食品原料及食品,参考价值很高。唐代刘恂的《岭南录异》一书,主要记录了唐代岭南一带的饮食风物趣闻,为今人研究当时当地烹饪饮食文化的发展状况提供了难得的研究素材。此外,还有《西京杂记》、《方言》、《释名》、《说文解字》等,这些文献也保留了很多关于饮食文化方面的颇有价值的资料。

饮食保健理论研究在这一时期也有很大的发展。主要表现在两个方面:一是对前一时期建立的理论继续补充和完善;二是结合具体实践,归纳总结出食疗保健食品的名称、药性药理、食用方法、注意禁忌等,使饮食医疗保健进一步具体化。

秦汉以后,随着祖国医药学的发展,药膳亦随之发展起来了。我国最早的一部药物学专著《神农本草经》,记载了既是药物,又是食物等多种品种,如薏苡仁、大枣、芝麻、葡萄、蜂蜜、山药、莲米、核桃、龙眼、百合、菌类、橘柑等,并记录了这些药物有"轻身延年"的功效。《黄帝内经》这部古典医著,不仅是我国现存最早的一部重要医学著作,而且也是我国古代的百科全书,内容包括有哲学、气象学、医药学、解剖、药膳等,奠定了祖国医学的理论基础。这部书的有关章节是药膳学的奠基石,一些药膳方剂是其首创。例如,书中载有13方,内服方仅10首,属于药膳方剂就达6首之多。其中最典型的药膳如乌贼骨丸,用于治疗血枯病。配方中有茜草、乌贼、麻雀卵、鲍鱼。将前三味共研为丸,鲍鱼汤送下,真可谓美味佳肴。继《内经》之后,东汉名医张仲景"勤求古训,博采众方",著成《伤寒杂病论》一书。张仲景在我国药膳学的发展史上,是作出了一定贡献的。他在《金匮要略》中指出:"禽兽鱼虫禁忌并治"和"果实菜谷禁忌并治"两个专篇,对"食禁"作出了专门的阐述,这对饮食卫生指出了明确方向。例如,他说:"凡肉及肝,落地不着尘土者,不可食之。""肉中有朱点者,不可食之。""果子落地,经宿,虫蚁食之者,人大忌食之。"仲景首创的桂枝汤、百合鸡子汤、当归生姜羊肉汤等药膳方剂,用以治疗人体多种疾病。在当时生姜羊肉汤中,羊肉是血肉有情之品,功效并非草木能及,这说明张氏已经认识到药借食力、食助药威的道理。

魏晋南北朝时期,中国药膳又有了新的发展,著名炼丹家陶弘景著《本草经集注》一书不仅新药品种有很多增加,而且将药物按自然属性分类为玉石、草木、虫、兽、果、菜、米以及有名未用药等七大类。在食疗方面,记载有葱白、生姜、海藻、昆布、苦瓜、大豆、小豆、鲍鱼等。这些对中国药膳都有了新的发展。葛洪著《肘后方》一书,对药膳也有所发展。例如:"治风毒脚弱痹满上气方第二十一"

中,葛洪对这种病的病因、发病、病症和以食为治的方药,有明确见解,他说:"脚气之病,先起岭南,稍来江东,得知无渐,或微觉病痹,或两胫小满,或行起忽弱,或小腹不仁,或时冷时热,皆其候也。""不即治,转上入腹,便发气,则杀人。"对脚气病的治疗方法,他提出:"取好豉一升……以好酒三斗渍之,三宿可饮,随人多少、欲预防不必待时,便与酒煮豉服之……"豉,是大豆制成的。他还说,用牛乳、羊乳、鲫鱼等可治疗脚气病,经现代科学研究证明,上述食品都含有丰富的维生素B,是治疗脚气病的最佳食物。此外,他还提出梨去核捣汁,合其他药服用,治咳嗽;服炙鳖甲散后,喝蜂蜜水,可以下乳;吃小豆饭、鲤鱼,治大腹水病等。药膳发展到隋、唐时期,食疗的发展已经达到相当高的水平。唐初,由苏敬等编撰的《新修本草》一书,虽然不是食疗专著,但是它确是我国第一部药典。在《本草经集注》的基础上,收载药物增至844种。唐代孟诜撰辑的《食疗本草》一书是一部食疗专著,原书已佚,仅有残卷和佚文(散见于《证类本草》等书中)。据记载原书有书目138条,张鼎又增加89条,合计227条。该书不仅内容丰富,而且大都有实用价值,除收有许多具有疗效的药物和单方外,对某些药物的禁忌也有不少切合实际的记载。这个时期的食疗专著,还有昝殷的《食医心鉴》,为营养学专著,此书已佚,但留载于《医方类聚》一书中。陈士良著的《食性本草》十卷,也是药膳专著的佼佼者。唐代著名医学家孙思邈,著《千金要方》一书,内容非常丰富。其中有食治专篇,列在卷第二十六,本卷首为序论,然后分果实、菜蔬、谷类、鸟兽并附虫鱼共五部分。孙氏说:"夫为医者,当须先洞晓病源,知其所犯,以食治之,食疗不愈,然后命药。"并指出:"食能排邪而

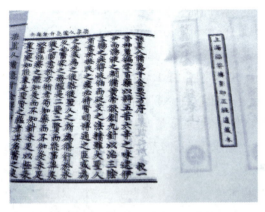

图1-32 孙思邈《千金要方》

安脏腑,悦神爽志,以资血气。"而"药性刚烈,犹若御兵"。所以,"若是能用食平疴,适情遣疾者,可谓良工,长年饵老之奇法,极养生之本也"。孙氏列药膳方剂17首,其中的茯苓酥、杏仁酥,就是抗老延龄的著名药膳方剂。唐代名医王焘所撰著《外台秘要》,全书共40卷,分为1104门,收载医方剂6000余首。有关食疗食禁的内容,是十分丰富的。例如,在治疗咳嗽的方剂中,忌生葱、生蒜或海藻、菘菜咸物等;治疗痔疮时,忌鱼肉、鸡肉等。该书的食疗方剂很多,如治疗气嗽,用杏仁煎方;治疗久咳,用久咳不瘥方和疗咳喘唾血方等。另外,治疗寒痢,用生姜汁和白蜜方等。此外,该书还记载了用谷皮煮粥法防治脚气病的方法,这些至今仍是药膳常用的方剂,从而唐代又把药膳治病向前推进了一步。

总之,中国烹饪文化在这一时期取得了重大成就,突出表现在以下几个方面:一是原料范围进一步扩大,品种进一步增多,域外原料大量引进,海产品大量使用。二是植物油用于烹饪,使烹饪工艺的某些环节出现了新的变化。三是铁质烹饪器具的使用,"炒"、"爆"工艺的出现,实现了中国烹调工艺的又一飞跃;花拼的出现,为烹饪造型工艺拓宽了更为广阔的创造空间。四是瓷器和高桌坐椅的普及,开始了中国餐具瓷器化和餐饮桌椅化的新时代。五是饮食名品多如繁星,拉开了此后中国餐饮业通过名品刺激消费、在竞争中产生名品的帷幕;宴会大盛,奠定了中国传统宴会的基本模式;烹饪专著的大量涌现,食疗食养理论的进一步发展,大大丰富了这一时期的饮食文化研究内容。

第四节　中国烹饪的成熟阶段

从北宋建立到清朝灭亡,中国传统烹饪文化在其各个方面都日臻完善,进而走向成熟,因此,从中国饮食文化的发展历程看,这一时期可以称为中国烹饪文化的成熟阶段。至唐宋之时,随着中国经济文化重心出现了三次南移(即永嘉之乱、安史之乱和靖康之变,使中国历史上出现了三次大批北人为避战火而南下的场面),中国烹饪文化也相应地出现了重心调整。特别是北宋中期以后政治、经济和文化等综合因素的互动作用,北方的饮食方式与饮食观念在经历了文化重心南移的波折后,出现了与南方烹饪文化的冲击和汇流,中国烹饪文化发生了巨大转变。

 一、中国烹饪成熟阶段的历史背景

时至北宋,农业生产技术水平大大提高,出现了江北种粟麦黍豆、江南种粳籼秔稻的错综格局。越南占城稻和朝鲜黄粒稻等优良品种的引进,使农作物的种植不仅走向优质化,而且也形成了品种多元的形势。与北宋对峙的辽、西夏也在大力发展农业经济,耕作面积增大,种植品种增多。南宋虽偏安一隅,但统治者并未放弃发展农业生产,而且非常重视精耕细作,农业生产一度出现了繁荣景象。到了元代,水稻产量已成为高居全国首位的农作物。明代统治者鼓励平民垦荒,提倡种植经济作物,粮食产量大增,一些地方的储粮可支付当地俸饷十至数十年甚至上百年。至明代中叶,农业生产水平进一步提高,闽浙出现双季稻,岭南出现三季稻,并引进了番薯、玉蜀薯等新的农作物。清康乾盛世之时,关中地区有的地方一年"三收"。至清末时,尽管遭受到帝国主义列强的侵略,但农业生产主要格局和总体水平没有发生根本动摇,农业仍然是国民经济生产部门的主项。

煤开始大量地被开采是在北宋以后,当时的河东、开封一带居民已经将煤用于烹饪活动之中。而瓷器的烧制已遍布全国各地,景德镇瓷器名扬四海,定窑、钧窑、越窑、建窑、汝窑、柴窑、龙泉窑等亦均出名瓷。泉州、福州、广州等地的造船业相当发达,大量瓷器由此出海,远销异国。元明清三代是中国瓷器的繁荣与鼎盛时期,从产品工艺、釉色到造型、装饰等方面都有巨大的创新。酿酒业在这一时期发展很快。宋代发明红曲酶,这在世界酿酒工艺史都是一个了不起的创造。宋代茶叶生产水平有所提高,出现了"炒青"技术,茶叶种类增加。黑茶、黄茶、散茶和窨制茶已经出现。特别是红茶制作方法发明出来,已能生产小种红茶。宋代城市集镇大兴,商贾所聚,要求有休息、饮宴、娱乐的场所,于是酒楼、食店到处都是,茶坊也便乘机兴起,跻身其中。这些大大地促进了茶文化的发展。这一时期饮食加工业的兴旺也已成为中国饮食文化日趋成熟的重要因素。在全国大中小城市中,普遍有磨坊、油坊、酒坊、酱坊、糖坊及其他大小手工业作坊,并出现了如福建茶、江西瓷、川贵酒、江南澄粉、山东玉尘面等很多著名品牌。清末,中国许多门类的手工业失去了昔日的风采,只有与烹饪有关的手工业未呈衰相。

图1-33 明·文征明《品茶图》

社会经济的发展,为这一时期中国烹饪文化的成熟打下了坚实的基础。两宋的烹饪文化中最突出的特点就是都市食肆的发展十分迅速,并在短期内达到十分繁荣的局面。从《东京梦华录》看,宋代正因为商业经济很发达,汴京等大都市的酒楼饭馆才如雨后春笋,且生意甚兴,正如该书所说:"八荒争凑,万国咸通,集四海之珍奇,皆归市易,会寰区之异味,尽在庖厨。"当时著名的北宋宫廷画家张择端借清明游春之际,绘《清明上河图》,生动而真切地再现了当时汴京沿汴河自"虹桥"到水东门内外的民生面貌和繁荣景象,酒楼正店、酒馆茶肆、饮食摊贩,以及从事餐饮生意人的买卖情形,都占有画面重要部位。其中挂有"正店"招牌的三层酒楼,挂有"脚店"的食店以及街岸两旁搭有大伞形遮篷的食摊,熙熙攘攘的人群围站食摊、出入酒楼,餐饮业的这种繁荣景象生动逼真,形象地再现了北宋时期饮食业的盛况。

图1-34 宋·张择端《清明上河图》

时至南宋,大量人才的南流,将北方的科学、文化、技术带到了南方,也推动了江南饮食业的发展。南宋王朝偏安一隅,奢靡腐化成风,竞相吃喝玩乐,由此造就出京城临安的畸形繁荣。在落户杭州的大量流民中,有不少厨师和各种食店的老板,他们带来了北方的饮食烹调技术,南下后重操旧业,"京城食店多是旧京师人开设"(《都城纪胜》),八方之民所汇之地,造就了当时素食馆、北食馆、南食馆、川食馆等专业风味餐馆的问世。饮食行业还出现了上门服务、分工合作生产的"四司六局",还有专供富家雇用的"厨娘"。元代出现了很多较大的商业城市,如大都、杭州、泉州、扬州等,这些城市都有饮食娱乐配套服务的酒楼饭店。元代的饮食业很庞杂,所经营的菜肴,除蒙古菜以外,兼容汉、女真、西域、印度、阿拉伯、土耳其,及欧洲一些民族的菜肴。明代初期,社会经济呈现出繁荣景象,各种食品也随之进一步丰富起来。当时大都、杭州、泉州、扬州等都市的饮食业发展很快,并得到了当时文化人的重视,出现了不少有关饮食的专著。这些饮食方面的专著所反映出的当时的食品种类、加工水平、烹调技术已达到相当的高度。明代万历年间的史料中出现的烹调术语多达百余种。清代,特别是康乾盛世,由于社会经济的高度发展,一些大都市如北京、南京、广州、佛山、扬州、苏州、厦门、汉口等比明代更为繁荣,还出现了如无锡、镇江、汉口等著名码头,"帆樯相属,粮食之行,不舍昼夜"(见《皇朝经世文四编》卷40《户部·仓储》下晏斯盛《请设商社疏》)。在商业各行中,盐行、米行也是最大的商行。北京作为全国最大的贸易中心,负责对少数民族批发酒、茶、粮、瓷器等商品。正因如此,我国的饮食文化达到了前所未有的顶峰。以御膳为例,不仅用料珍贵,而且很重视造型。在烹调方法上还特别重视"祖制",即使是在饮食市场上,许多菜肴在原料用料、配伍及烹制方法上都已程式化。各民族间的饮食文化的交流在当时也很普遍,通过交流,汉民族与兄弟民族的饮食文化相互影响,促进了共同的发展。清末,帝国主义肆意掠夺包括茶叶、菜油等在内的农产品,并向我国疯狂倾销洋面、洋糖、洋酒等洋食品。但我国传统饮食市场的主导地位非但未被动摇,而且借着半殖民地、殖民地化商业的畸形发展,很多风味流派还得以传播和发展,出现了许多著名的酒楼饭馆。以北京为例,清人杨懋在《北京杂录》中描绘了北京晚清饮食市场时说:"寻常折柬招客请,必赴酒庄,庄多以'居'为名,陈馈八簋,燎肥酒兴,夏屋渠渠,青无哗者。同人招邀,率而命酌者,多在酒馆,馆以居名,亦以楼名。凡馆皆壶觞清话,珍错毕陈,无歌舞也。"可见当时老字号餐馆经营有方,为取悦宾客,不仅从店名修辞到屋内陈设都别具一格,而且菜点的烹制也是严格把关,力求精美。

总之,从宋代到清末,中国社会经济的发展呈现出波涛起伏之势,这一时期的中国饮食文化如同一曲酣畅欢腾的交响乐,和谐交奏,相激相荡。从某种意义上说,这正是中国饮食文化不断丰富、发展、自我完善之历程的主旋律。

二、中国烹饪成熟阶段的文化成就

(一) 烹饪原料的引进和利用

这一时期外域烹饪原料大量地引进中国,如辣椒、番薯、番茄、南瓜、四季豆、土豆、花菜等。其中,辣椒原产于秘鲁,明代传入中国。番薯,原产于美洲中南部,也是明代传入中国的。南瓜,原产于中、南美洲,明末传入中国。土豆,原产于秘鲁和玻利维亚的安第斯山区,15世纪至19世纪分别由西北和华南多种途径传入。面对这些引进的烹饪原料,中国的厨师们洋为中用,利用这些洋原料来制作适合于中国人口味的菜肴。

此外,由于原料品种和产量不断增加,人们对原料的质量提出了更高的要求。元明清时,菜农增加,蔬菜的种植面积进一步扩大,菜农的蔬菜栽培技术也有了相应的提高,这不仅促进了蔬菜品种的增多,也促进了蔬菜品种的优化。可以说,对现有原料的优化与利用,又是这一时期烹饪原料开发利用的主旋律。如白菜是我国古代的蔬菜品种,至明清时,经过不断改良,培育出多个品种和类型,南北方都大量栽培,成为深受人们喜爱的蔬菜品种。在妙用原料方面,中国古代的厨师早已养成了珍惜和妙用原料的美德,尽管当时的社会经济有了很大的发展,烹饪原料日渐丰富,但人们在如何巧妙合理地利用烹饪原料方面还是不断地探索和尝试,并总结出一料多用、废料巧用和综合利用的用料经验。如通过分档取料和切配加工,采用不同的烹调方法,就可以把猪、羊、牛等肉类原料分别烹制出由多款美味组成的全猪席、全羊席或全牛席。又如锅巴本是烧饭时因过火而形成的结于锅底的焦饭,理应废弃不用,但人们以之制醋,甚至于用它做成"白云片"、"锅巴海参"等风味独特的菜肴,真可谓是用心良苦。

（二）烹饪工具和烹饪技术的进一步发展

这一时期的烹饪工具有很大的发展,宋人林洪在其《山家清供·拨霞供》中,记载武夷六曲一带人们冬季使用的与风炉配用的"銚",其实就是今人所说的火锅。可见当时火锅在南方一些地区已经流行。而汴京饮食市场上出现的"入炉羊"一菜,则表明当时已有了烤炉。值得一提的是,珍藏于中国历史博物馆中的河南偃师出土的宋代烹饪画像砖,画中的主人公是一位中年妇女,正在挽袖烹调。其旁边有镣炉一个,炉内火焰正旺,炉上锅水正开,从画面上看,这种镣炉可以移动,通风性能很好,节柴省时,火力很猛,是当时较为先进的烹调炊具。元代宫廷太医忽思慧在其《饮膳正要·柳蒸羊》中记载了一种用石头砌的地炉,其用法是先将石头烧热至红,置于炉内,再将原料投入烘烤。该书还提到了"铁烙"、"石头锅"、"铁签"等。明代以后,炊具的成品质量较之前代有很大提高,广东、陕西所产的铁锅成为当时驰名全国的优质产品。到了清代,锅不仅种类很多,而且使用得相当普及。而烤炉也有了焖炉和明炉之分。

自宋元始,烹饪工艺的各大环节如原料选取、预加工、烹调、产品成形已基本定型。又经明清数百年的完善,整个烹饪工艺体系已完全建立。

对原料的选取和加工已有了较为科学的总结,从《吴氏中馈录》、《饮善正要》等文献记载中可知,人们对烹饪原料的选用已不仅考虑到原料自身的特性及烹调过程中配伍原料间的内在关系,而且也开始对原料的配用量重视起来。而袁枚在其《随园食单·须知单》中首先讲的就是选料问题："凡物各有先天,如人各有资禀","物性不良,虽易牙烹之,亦无味也"。作者明确指出："大抵一席佳肴,司厨之功居其六,买办之功居其四。"这段文字实际上是总结了几代厨师的原料选用与配伍经验,意识到烹饪原料的选用是整个烹饪工艺过程之要害,烹饪产品是否能出美味,关键在于烹饪原料的选用。明代厨师已经能较为全面地掌握一般性原料如牛、羊、猪、鸡、鱼等如何治净、如何分档取料等的基本原理,如用生石灰加水释热以胀发熊掌等。清代厨师对山珍海味等干料的胀发、治净总结出了较为系统的经验,这在袁枚的《随园食单》一书中有具体载述。元代出现了"染面煎"的挂糊方法,即在原料外挂一层面糊后加以油煎。明清时期的厨师已经开始用多种植物淀粉进行勾芡。清代厨师用蛋清和淀粉挂糊上浆,这已与今天的挂糊上浆方法基本相同。明代的厨师已经普遍地掌握了吊汤技术。通过制作虾汁、蕈汁、笋汁等以提味的方法已成为当时厨师的基本技能之一。

这一时期的刀工技术有了很大的提高。据《江行杂录》描述了宋代一个厨娘运刀切肉的情形:"据坐胡床,缕切徐起,取抹批脔,惯熟条理,真有运斤成风之势。"足见此厨娘的刀工技术之精湛。这一时期的食雕水平也有很大的提高。《武林旧事》载,在张俊献给高宗的御筵中,就有"雕花蜜煎一行",共12个品种,书中虽未具体描绘这些食雕作品的精美程度,但既是御筵,其食雕水平自然是相当高的。元代厨师很重视菜肴中原料的雕刻,擅长运用刀工技术来美化原料。明代厨师已能将"鱼生""细脍之为片,红肌白理,轻可吹起,薄如蝉翼,两两相比"(见《广东新语》)。清代扬州的瓜雕堪称绝技,代表了这一时期最高的食品雕刻艺术。

最值得一提的是制熟工艺技术在这一时期有了很大发展。早在宋代,主要的烹调方法已经发展到30种以上,就"炒"的方法而论,已有生炒、熟炒、南炒、北炒之分。从《山家清供》的记载中可知,此时还出现了"涮"法,名菜"拨霞供"的基本方法与今天的涮羊肉无异。另从《居家必用事类全集·煮诸般肉法》中可知,元代厨师已熟练掌握许多种煮肉之法。至明代时,制熟方法更是花样繁多。如《宋氏养生部》一书就收录为数可观的食品加工方法,其中"猪"类菜肴的制熟方法就达30多种,而书中记载的酱烧、清烧、生爨、熟爨、酱烹、盐酒烹、盐酒烧等都是很有特色的制熟方法。到了清代,制熟工艺在继承中又有所发展,出现了爆炒等速熟法。值得一提的是清代厨师蒸法上的许多创新,如无需去鳞的清蒸鲫鱼,以蟹肉填入橙壳进而清蒸的蟹酿橙等,这些都是对蒸法的改进。

在把握火候和调味方面,这一时期的厨师也颇有建树。《饮膳正要·料物性味》中记载元代的调味品已有近30种之多,明代厨师将火候以文、武这样颇有意味的字眼来形容。清代厨师将油温成色划作十层,以此判断油热程度,多次油烹的重油工艺已能熟练把握。宋元时期的厨师在烹调过程中已开始了复合味的调味方法。清代后期,厨师们将番茄酱和咖喱粉用于调味之中。至此,已出现了姜豉、五香、麻辣、蒜泥、糖醋、椒盐等味型,今天的烹饪调味工艺中大多数的味型都是在这一时期定型的。

菜点的造型艺术在这一时期大放异彩。像假熊掌、假羊眼羹、假蚬子等以"假"命的菜肴首先是以造型取胜。在南宋招待金国来使的国宴中,竟有假圆鱼、假鲨鱼这样的造型菜。明代还出现了"假腊肉"、"假火腿"等造型菜。

(三)风味流派与地方菜的形成

风味流派的形成与社会的发展,政治、经济、文化中心的形成和转移相关联。便利的交通条件和繁荣的经济环境是促成一个都市餐饮业发达的重要前提。各地有着不同的饮食习惯,正如《中华全国风味志》中所言:"食物之习性,各地有殊,南喜肥鲜,北嗜生嚼(如葱、蒜等),各得其适,亦不可强同也。"这样就出现了风味各异的餐馆,而这种地方风味餐馆的出现,正是地方风味流派形成的发端。

各种地方风味餐馆的日渐发展,进而在一些大城市中出现了"帮口"。来自各地的餐饮业经营者,为了在经营中能相互照应,自然结合成帮,从而使"帮口"具有行帮和地方风味的双重特性。他们联合起来,主持或者占领某一大城市的餐饮行业,形成独具特色的餐饮行业市场。早在三代时期,中国菜点的文化体系与流派已出现了黄河流域和长江流域之分。隋唐以后,又出现了岭南饮食文化流派、少数民族饮食文化流派和素食饮食文化流派。各地风味流派的形成,主要得助于一大批名店、名厨和名菜。宋代以后,市肆饮食文化流派已成气候,出现了北食、南食、川食、素食等不同风味的餐馆。至清代末年,地域性饮食文化流派已经形成,清人徐珂编撰的《清稗类钞》论述了有关当时地域性饮食文化流派的情况:"肴馔之有特色者,为京师、山东、四川、广东、福建、江宁、苏州、镇江、扬州、淮安。"我国目前所说的四大菜系即长江下游地区的淮扬菜系、黄河流域的鲁菜系、珠江流域的粤菜系和长江中游地区的川菜系在这一时期已经发展成熟。除地域性饮食文化、少数民族饮食文化和市肆饮食文化外,这一时期的宫廷饮食文化、官府饮食文化也都走向成熟并基本定型,这正是中国饮食文化在其历史长河中发展积淀的结果。

(四)饮食消费状况

这一时期的饮食消费呈现出空前的繁荣景象。宋代的宴会不仅名目繁多,而且相当奢侈。倘若是皇上寿宴,仅进行服务和从事准备工作的就有数千人之多,场面盛况之极,难以言状。据《武林旧事》记载,绍兴二十年十月,清河郡王张俊接待宋高宗及其随从,宴会从早到晚,分六个阶段进行,皇上一人所享菜点达二百余道之多。当时的餐饮市场上已有了四司六局,专门经营民间喜庆宴会。

图1-35 古官宴场面

采取统一指挥、分工合作的集团化生产方式。高档宴会很讲究审美,如南宋集贤殿宴请金国使者,上菜九道,"看食"四道。元代的宴会受蒙古族影响,菜点以蒙古风味为主,并充满了异国情调。蒙古族人原以畜牧业为主,习嗜肉食,其中羊肉所占比重较大。宫廷菜尤其庞杂,除了蒙古菜外,兼容女真、西域、印度、阿拉伯、土耳其及欧洲一些民族的肴馔。大型宴会多用羊、奶酪、烧烤、海鲜,所以,一般宴会都少不了羊肉奶品。同时与草原民族风格相应,宴饮出现了豪饮所用的巨型酒器"酒海"。元延祐年间,宫廷饮膳太医忽思慧在其《饮膳正要·聚珍异馔》中就收录了回回、蒙古等民族及印度等国菜点94种,比较全面地反映了元代在饮食消费方面对各族传统饮食兼收并蓄、从善如流的特点。

明代人在饮食方面十分强调饮膳的时序性和节令食俗,重视南味。据《明宫史》载:"先帝最喜用炙蛤蜊、炒海虾、田鸡腿及笋鸭脯。又海参、鳆鱼、鲨鱼筋、肥鸡、猪蹄筋共脍一处,名曰'三事',恒喜用焉。"由于明代在北京定都始于永乐年间,皇帝朱棣是南方人,其嫔妃多来自江浙一带,南味菜点在明代宫廷中唱主角,自洪熙以后,北味在宫廷菜点中的比重渐增,羊肉成为宫中美味。另据《事物绀珠》载,明中叶后,御膳品种更加丰富,面食成为主食的重头戏,而且与前代相比,肉食类品种有所增强。

时至清代,人们的饮食消费水平又有了很大的提高。无论是官宴还是民宴,宴会都很注重等级、套路和命名。清宫中的烹调方法上还特别重视"祖制",许多菜肴在原料用量、配伍及烹制方法上都已程式化。而奢侈靡费和强调礼数,这是历代宫廷生活的共同特点,清代宫廷或官府的饮食生活在这两个方面上表现得尤为突出。如在菜点上席的程序上,一般是酒水冷碟为先,热炒大菜为中,主食茶果为后,分别由主碟、座汤和首点统领。其中的"头菜"则决定着宴会的档次和规格。命名方法有很多,或以数字命名的,如三套碗、十二体等;或以头菜命名的,如燕窝席、熊掌席、鱼翅席等;或以意境韵味命名的,如混元大席、蝴蝶会等;或以地方特色命名者,如洛阳水席等。值得一提的是,这一时期的全席不仅发展成熟,而出现了多样化的局面。在众多全席中,以全羊席和满汉全席最为有名。全羊席是蒙古族喜食的宴会,也是招待尊贵客人的最为丰盛和最为讲究的一种传统宴席。席间肴馔百余种,皆以羊肉为料,其中的头菜大烹整羊,是将羊羔按要求分头

图1-36 满汉全席中的一款菜品

部、颈脊部、带左右三根肋条和连着尾巴的羊背及四条整羊腿,共分割成七块,入锅煮熟即起。用大方盘,先摆好前后四只整羊腿,还放一大块颈脊椎,又在上面扣放带肋条及有羊尾的一块,最后摆一羊头及羊肉,拼成整羊形,以象征吉利。而满汉全席是历史上最著名、影响最大的宴席,是从清代中叶兴起的一种规模盛大、程序繁杂、满汉饮食精粹合璧的筵席,又称之为"满汉席"、"满汉大席"、"满汉燕翅烧烤席"。其基本格局包括红白烧烤,各类冷热菜肴、点心、蜜饯、瓜果以及菜酒等。后来又演变出了"新满汉席"、"小满汉席"之类的名称。

(五)烹饪理论状况

据邱庞同先生所著《中国烹饪古籍概述》等有关资料统计,在完整地流传下来的烹饪文献中,影响较大的主要有宋代浦江吴氏的《中馈录》、林洪的《山家清供》、陈达叟的《本心斋疏食谱》,元代宫廷饮膳太医忽思慧的《饮膳正要》和无锡人倪瓒的《云林堂饮食制度集》,元明之际贾铭的《饮食须知》和韩奕的《易牙遗意》,明代宋诩的《宋氏养生部》、宋公望的《宋氏尊生部》、高濂的《饮馔服食笺》、张岱的《老饕集》等。清代出现的烹饪专著,数量可谓空前,主要有著名文人袁枚的《随园食单》、戏剧理论家李渔的《闲情偶寄·饮馔部》、张英的《饭有十二合》、曾懿的《中馈录》、顾仲的《养小录》、四川人李化楠著并由其子李调元整理刊印的《醒园录》、著名医学家王士雄的《随息居饮食谱》、宣统时文渊阁校理薛宝辰的《素食说略》、清末朱彝尊的《食宪鸿秘》以及《调鼎集》(相传盐商童岳荐编著)等。这些烹饪文献中,既有总结前人烹饪理论方面的,又有饮食保健方面的,从烹饪原料、器具、工艺、产品,一直到饮食消费,这些文献都有不同程度的理论研究与概括,并形成了一个较为完善的体系。其中袁枚的《随园食单》堪称是这一理论体系中的杰作。

图1-37 清人袁枚著《随园食单》

袁枚,字子才,号简斋、随园老人,浙江钱塘人。乾隆四年进士,选翰林院庶学士,40岁起即退隐于南京小仓山,筑"随园"。常以文酒会友,享盛誉数十年,是清代著名的文人、名士。《随园食单》是他72岁以后整理写成的一本烹饪专著。他在该书中兼收历代各家烹饪之经验,融汇各地饮食风味,以生动的比喻、雄辩的论述,对烹饪技术进行了具体的阐释。他从实践中提炼出理论,为中国烹饪理论著述的方法,树立了一面格调鲜明的旗帜。《随园食单》有序和须知单、戒单、海鲜单、特牲单、江鲜单、杂牲单、羽族单、水族有鳞单、水族无鳞单、杂素菜单、小菜单、点心单、饭粥单、茶酒单等章。这部著作在我国饮食文化史上具有承前启后的作用,其中有许多论点足供今人借鉴。其主要特点是:

1. 注重原料选择

袁枚认为"学问之道,先知后行,饮食亦然"。因此,首先作"须知单",指出"物性不良,虽易牙烹之,亦无味也"。他十分重视采买和选用食物原料的重要性:"大低一席佳肴,司厨之功居其六,买卖之功居其四。"这一观点无论是从营养角度还是从成品菜肴的食用价值看,无疑都是正确的。

2. 注重原料搭配

袁枚提出了原料搭配的原则:"凡一物烹成,必需辅佐。要使清者配清,浓者配浓,柔者配柔,刚者配刚,方有和合之妙……亦有交互见功者,炒荤菜用素油,炒素菜用荤油是也。"这种搭配的要求,不仅使滋味醇和,而且可使食物成分互补,达到更好的营养效果。袁枚十分重视作料的作用,他形象地比喻:"厨者之用料如妇人之衣服首饰也,虽有天姿,虽善涂抹,而敝衣褴褛,西子亦难以为容。"注重原料搭配的同时,他又提倡原料的本味、真味和独味,认为味太浓重的食物只能单独烹制,不可搭配,唯此才能发挥出它们的独特风味。他举例说,食物中的鳗鱼、鳖、蟹、鲥鱼、牛、羊等,都应单独烹制食用,因为它们味厚力大,足够成为一味菜肴,既然如此,为何要抛开它们的本味别生枝节呢!

3. 强调烹调诸要素的作用及相互制约的关系

袁枚十分重视烹饪中的火候,他认为,当厨师的若能懂得火候,并在烹调过程中恰到好处地掌握,则基本掌握了烹的主要规律。他写道:"有须武火者,煎炒是也;必弱则疲矣;有须文火者,煨煮是也;火猛则物枯矣,有先用武火而后用文火者,收汤之物是也;性急则皮焦而里不熟矣。"他指出了用火"三戒":戒火猛、戒火停、戒揭锅。袁枚对于烹调中的调味也有独到的见解:"味者宁淡毋咸,淡可以加盐救之,咸则不能使之再淡矣。烹鱼者宁嫩毋老,嫩可以加火候以补之,老则不能强之再嫩矣。"火候与调味的目的,归根是为了使菜肴色香味形俱全,以求至善至美。

4. 主张破除陈规陋习,创造出符合实际需要的食物

袁枚指出:"为政者兴一利不如除一弊,能解除饮食之弊,则思过半矣。"所以《食单》中写了"戒单",即烹饪饮食中应该禁忌的事项。如"戒目食",认为目食就是力求以多为胜的虚名罢了,如今有人羡慕菜肴满桌、叠碗垒盘,这是用眼吃,不是用嘴吃。他还指出"戒耳餐",指责那种片面追求食物名贵的做法就是"耳吃"。他说,如果仅仅是为了炫耀富贵,不如就在碗中放上百粒明珠,岂不价值万金。

5. 讲究装盘上菜及进食艺术

袁枚十分重视器皿问题,并主张器皿要根据菜肴特点来选择。他说:"善治

菜肴者,须多设锅灶盂钵之类,使一物各献一性,一物各成一碗。适者本应接不暇,自觉心花顿开。"他对盛器的主张是:"宜碗者碗,宜盘者盘;宜大者大,宜小者小。参错其间,方觉生色。板板于十碗八盘之说,便嫌笨俗。"他很重视上菜顺序和进食艺术,认为上菜方法,是先咸后淡,先浓后薄,先无汤后有汤。这是考虑到客人饱后,脾藏困倦,要用辛辣口味来增加食欲;酒多以后,肠胃胀懑,要用甜酸口味来开胃。这些无论从生理角度还是从饮食角度,都可谓是真知灼见。

总之,《随园食单》中记述的食品内容极为丰富,记录了我国从14世纪到18世纪中叶这一历史时期流行的326种食品,从山珍海味到一粥一饭,几乎无所不包。袁枚对我国传统名菜、名点的制作,都有相当的研究。他在《随园食单》中提出讲究加工,讲究配料,讲究火候,讲究色香味形器,讲究上菜、进食次序等等,将精微难言的鼎中之变,阐述得层次分明。他将中国烹饪理论推向了一个全新的阶段——成熟阶段。

(六)中国药膳学形成

宋、辽、金、元时期医书的刊印条件因胶泥活字印刷而大大地提高,这为药膳的发展起到了积极的推动作用。宋代唐慎微著的《证类本草》,后又增写成《重修证和经史证类备用本草》,共30卷,该书记述保存了以往古书中有关食疗中的佚文,主要有《食疗本草》、《食性本草》、《食医心镜》、《孙贞人食忌》。对于研究中国药膳学都起到了重要的作用。王怀隐著的《太平圣惠方》,其中有28种病,就论述药膳疗法,如牛乳治消渴病;鲍龟粥、黑豆粥治水肿;杏仁粥治疗咳嗽等。在这一时期内,出现了以药膳治疗老年病的专著,如陈直著的《奉亲养老书》,全书中药膳方剂达162首。我国药膳发展至此,从食疗、食治发展到食补,已成为防治老年病和抗老益寿的专门学科。宋代官修大型方书《圣剂总录》共200卷,载方剂20 000余首。该书有药膳专论食治门。食治方中,有治疗诸风、伤寒后诸病、虚劳、吐血、消渴、腹痛、妇人血气、妊娠诸病,产后诸病,以及耳病、目病等29种病症,共有药膳方剂285首。在药膳制法和剂型上,都有新的突破,不仅有药粥、药羹、药索、药饼,而且还有酒、散、饮、汁、煎、饼、面等的制作方法。元代宫廷御医忽思慧,他著的《饮膳正要》一书,是一部药膳专著。书中介绍了药膳菜肴94种,汤类35种,抗衰老药膳方剂29首,及各种肉、果、菜、香料的性味和功能。该书的主要价值还在于,它阐述了许多关于饮食营养和健康的关系,如饮食卫生、养生避忌、妊娠食忌、乳母食忌、饮酒避忌、四时所宜、五味便走等,这些论述在古典医著实为少见。因此,它是我国一部很好的药膳参考书。这个时期,还有海宁医士吴瑞著的《日用本草》、娄居中著的《食治通说》、郑樵所写的《食鉴》等药膳专著。李汛在《日用本草序》说:"夫本草曰日用者,摘其切于饮食者耳。"该书共11卷,类列各种食物计540余种,分为八门。娄居中在《食治通说》一书中说:"食治则身治,此上工医未病之一术也。"这一时期的药膳专著也是很多的,可惜多已佚失,实在是一大损失。

明清时期,我国开始孕育资本主义的生产方式,出现了许多轻工业,如印刷、造纸、纺织等,从而促进了明清时期的医药发展,对药膳的发展也起到了相当大的作用。李时珍著的《本草纲目》一书,总结了明代以前的药物学成就,是我国药物学、植物学等的宝贵遗产。全书共52卷,载药物达1 892种。药数比《证类本草》增加了374种,该书对中国药膳学的发展起到了重要作用。它提供了水果、谷物、蔬菜达300多种;禽、兽、介、虫达400条。该书还记录了我国历代食疗的佚文,其中有孟诜著的《食疗本草》、陈士良著的《食性本草》、吴瑞著的《日用本草》等,书中收载了许多食疗方剂,这些都是李时珍对药膳的很大贡献。明代徐青甫编著的《古今医统大全》一书,记载了药膳的烹制方法;吴禄辑的《食品集》一书,也是一部食疗专著,书中附录部分记载了有饮食

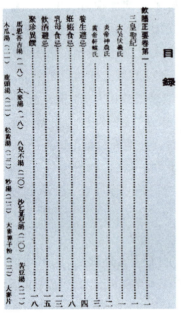

图1-38 人民卫生出版社1986年版《饮膳正要》目录

之宜忌,如五脏所补、五脏所伤、五脏所禁、五味所重、五谷以养五脏,以及食物禁忌、妊娠忌食等。清代沈李龙著的《食物本草会纂》一书,总结了前人的许多食疗方剂,也是一部有参考价值的食疗专著。在这个时期,还有卢和著的《食物本草》、汪颖著的《食物本草》、宁原著的《食鉴本草》、牛木肃著的《救荒本草》、高廉著的《遵生八笺》、王孟英著的《随息居饮食谱》、袁子才著的《随园食单》、叶盛繁辑的《古今治验食物单方》、文晟辑的《本草饮食谱》、费伯雄著的《食鉴本草》等。上述医膳专著中,都记载了许多药膳方剂的功效、应用和制作方法,对促进我国药膳学的发展作出了重大贡献。纵观其发展,我国药膳是中医药学的宝贵遗产之一,我们应该努力发掘,加以整理,使中国药膳内容更加充实、完善和发展,更好地为中国人民和世界人民造福。

第五节 现代中国烹饪文化

清朝灭亡,奏响了中国烹饪文化走进现代阶段的交响乐。在这一阶段中,无

论是烹饪实践还是理论研究,中国饮食文化都有了跃进性发展。中国烹饪文化以全新的姿态进入了创新开拓的新时代,走上与世界各民族烹饪文化进行广泛交流的道路。以近现代科学思想指导烹饪实践和理论研究,运用现代科学技术改良、培育和人工生产烹饪原料新品种,并改进、发明烹饪生产工具,开辟新能源,为烹饪原料的来源、烹饪物质要素的发展开辟新道路;风味流派体系在结构和内容上发生了不同于传统形式的改变和革新,烹饪教育培训、生产管理日趋科学化、社会化,现代烹饪文化经过数十年的努力已初步构成了全新的体系。

一、烹饪工具与烹饪方式有了明显的变化,并趋于现代化

(一)烹饪工具现代化

近现代烹饪阶段的烹饪工具变化,集中表现在能源和设备上。就能源而言,木柴已退居次要地位,城市中主要使用的是煤、煤气、天然气,另外还有液化气、汽油、柴油、太阳能、电能等,部分农村使用沼气。用这些能源制熟或加热食物有着省时、方便和卫生的特点。

图 1-39 使用煤气、天然气和电能的现代灶具

就烹饪设备而言,电器炊餐器具已经在部分大城市、大饭店逐渐使用,品类繁多。如用于加热的设备有电磁炉、微波炉、电烤箱等;用于制冷的设备有冷藏柜、保鲜陈列冰柜、浸水式冷饮柜等;用于切割加工的设备有切肉机、刨片机、绞肉机等。值得一提的是,我国现在已经出现了许多大型的厨房设备生产企业,可以生产出灶具、通风脱排、调理、储藏、餐车、洗涤等300余个规格和品种的厨房设备。

(二)生产方式的现代化

现代食品工业是传统烹饪的派生物,是现代科学进入烹饪领域的结果,如今,中国食品工业已经形成比较完整的生产体系。至于烹饪生产方式的变化,主要表现在两个方面:一是餐馆、饭店中的某些烹饪工艺环节(如切割、制茸等)已

出现了以机械代替厨师的手工操作;二是食品工业的兴起,已经出现了食品工厂,并生产火腿、月饼、香肠、饺子、包子、面条等这些传统手工烹饪的食品,既减轻了手工烹饪繁重的体力劳动,又使大批量食品的生产更加规范化和标准化。

二、优质烹饪原料发展较快,品种增多

(一) 优质烹饪原料的引进和利用

在近现代饮食文化阶段,由于自觉或不自觉地对外开放,尤其是近年来提倡优质高效农业,从世界各国引进了许多优质的烹饪原料。其中,植物性原料主要有洋葱、菊苣、樱桃番茄、奶油生菜、西兰花、凤尾菇等;动物性原料主要有牛蛙、珍珠鸡、肉鸽、鸵鸟等,这些烹饪原料已在我国广泛种植或养殖,并用于烹饪之中。

(二) 珍惜原料的种植和养殖

20世纪以来,人们曾在一个时期内毁林造田、滥砍滥伐,使得许多野生动植物濒临灭绝,生态环境遭受到严重破坏,于是又不得不对野生动植物进行加倍保护,国家还为此颁布了野生动植物保护条例。同时,科研人员利用先进的科学技术对一些珍稀动植物原料进行人工培植或养殖,并获得了成功。如今,人工培植成功的珍稀植物原料有猴头菇、银耳、竹荪、虫草及多种食用菌。人工饲养成功的珍稀动物原料有果子狸、竹鼠、鲍鱼、环颈雉、牡蛎、刺参、湖蟹、对虾、鳜鱼、长吻鮠、鳗鲡、蝎子等。这些珍稀原料的产量大大超过了野生的,能够更多地满足众多食客的需求。

(三) 优质烹饪原料的品种增多

在这一阶段,优质烹饪原料品种不断增多,其中最引人注意的是粮食、禽畜及加工制品。在粮食中,仅米的名贵品种就有广东丝毛米、福建过山香、云南接骨糯等。而绿豆有200多个品种,著名的有安徽明光绿豆、河北宣化绿豆、山东龙口绿豆等。此外大、小麦等亦有众多名品。在禽畜类原料中,猪的优良品种有四川荣昌猪、浙江金华猪、苏北淮猪等。近年来,全国又推行养殖瘦肉型猪,以减少脂肪的含量。鸡的优良品种也很多,有寿光鸡、狼山鸡、浦东鸡等。加工制品中优良品种众多,如板鸭名品有江苏南京板鸭、福建建瓯板鸭、江西南安板鸭等;豆腐名品有八公山豆腐、黄

图1-40 用浙江金华猪制成著名的金华火腿

陂豆腐、榆林豆腐、平桥豆腐等。

三、民族、地区及中外之间饮食文化与烹饪技术交流频繁

（一）民族间的饮食文化交流

中国是一个多民族的国家，各民族之间的交流从未停止过。南北朝、唐、宋、元、明、清这些朝代，烹饪交流已很普遍。通过不断交流，汉族的烹饪影响了兄弟民族，而兄弟民族的烹饪也影响了汉族，促进了共同发展。到现代饮食文化阶段，民族之间的烹饪交流更加频繁。如今满族的"萨其玛"、维吾尔族的"烤羊肉串"、土家族的"米包子"、黎族与傣族的"竹筒饭"等品种，已成为各民族都认同和欢迎的食品，并且有了新的发展。如"萨其玛"已在工业化生产；继"烤羊肉串"之后，出现了"烤鸡肉串"、"烤兔肉串"、烤各种海鲜串等；"竹筒饭"及其系列品种"竹筒烤鱼"、"竹筒乳鸽"等更在北京、四川、广东等地大显身手。信奉伊斯兰教的各民族之清真菜、清真小吃、清真糕点等，更是遍及中国各大中城市。

（二）地区间的烹饪文化交流

在现代饮食文化阶段，由于交通日益发达、便捷，人员流动增大，地区间的烹饪文化交流更加频繁。在许多大中城市林立的酒楼餐馆中，既有当地的风味菜点，也有异地的风味菜点，而且还出现了相互交融与渗透的现象。可以说，地区间的饮食文化交流，加之改革开放后全国范围内进行的多次烹饪大赛，对提高中国烹饪的整体水平、缩小地区间的烹饪技术的差别起到了巨大的推动作用，促进了中国饮食文化的发展。

图 1-41　地区间的烹饪文化交流

（三）中外间的烹饪文化交流

20 世纪初，随着西方教会、使团、银行、商行的涌入，洋蛋糕、洋饮料、奶油、牛排、面包等西菜西点也进入了中国，并对中国饮食文化产生了很大的影响。近十余年来，随着改革开放的深入，西方的一些先进的厨房设施和简易的烹饪方式正在被中国学习和借鉴。在食品方面，西式快餐、日本料理、泰国菜、韩国烧烤等异国风味竞相登陆。这不仅是对古老的中国饮食文化的挑战，更是中国饮食文化蓬勃发展的机遇。其中，西式快餐是将高科技发展的成果应用于快餐，是工业化标准和标准化思想、标准化科学技术运用的结果。它适应了高科技社会的客

观需要,并以崭新的姿态赢得了中国人的喜欢,获取了巨大的成功。面对这一现实,中国也正努力借鉴西式快餐的优点和成功经验,大搞中式快餐,并将其作为饮食业的新增长点。另外,中国饮食文化在海外的影响也越来越大,在遍布世界各地的六千多万中国侨民中,有不少人以开中式餐馆谋生,传播着中国饮食文化和非常可口的中国菜点,使外国人大开眼界。改革开放以来,中国又不断派出烹饪专家和技术人员到国外讲学、表演,参加世界性的烹饪比赛,乃至合办中餐馆等,使海外更多人士了解中国饮食文化,喜爱中国菜点,这也促进了世界烹饪水平的提高。

四、西方现代营养学对中国烹饪文化的影响

营养学是研究食物成分与人体健康关系的一门综合性学科。西方现代营养学奠基于18世纪,发展于19世纪,完善于20世纪。其优势是微观、具体、深入,通过现代自然科学已有的各种检测手段,能够严格地进行定量分析。现代营养学大约在1913年传入中国,到20世纪20年代后,中国现代营养学逐步发展起来。一些营养学专家还逐步将营养与烹饪结合起来研究,取得了长足进步,并在80年代前后发展成为一门新兴学科即烹饪营养学。这门学科在中国虽然起步较晚,但已取得一定成果。许多高等烹饪学府都开设了烹饪营养学,使学生能够运用营养学的知识科学合理地烹饪,制作出营养丰富、风味独特的菜点。而中国预防医学科学院营养与食品卫生研究所与北京国际饭店合作,对淮扬菜、鲁菜、粤菜和川菜系的一批菜肴成品进行营养成分测定。这些都反映了我国目前烹饪营养学的发展状况。当然,中国烹饪与现代营养学密切结合的同时,仍然没有、也不可能放弃长期指导中国菜点制作的传统食治养生学说。食治养生学说虽然比较直观、笼统、模糊,带有经验型烙印,但有宏观把握事物本质的长处。正是由于中西医学的结合,传统食治养生学说与现代营养学的相互渗透,宏观把握与微观分析两种方法的相互配合,使得中国烹饪向现代化、科学化迈出了更快的步伐。20世纪80年代以来,食疗药膳食品与保健品正是在这种情况下迅速兴盛起来的。

五、创新筵席大量涌现与饮食市场空前繁荣

(一)创新筵席的大量涌现

20世纪以来,随着时代浪潮的冲击、社会经济的发展,人们的生活条件和消费观念发生了变化,尤其是对新、奇、特的追求日益强烈。为适应这些新的追求,创新出大量的风味别具的特色筵席,如淮扬菜系中的姑苏茶肴宴,它将菜点与茶

结合起来,开席后先上淡红色的似茶又似酒的茶酒,再上芙蓉银毫、铁观音炖鸭、鱼香鳗球、龙井筋页汤、银针蛤蜊汤等用名茶烹制的菜肴,再上用茶汁、茶叶等作配料的点心玉兰茶糕、茶元宝等。目前,姑苏茶肴宴的茶酒、茶菜、茶点共18种,已经初成系列,这些风味独特的创新筵席与传统筵席一起,共同促进了中国筵席的进一步发展和繁荣。此外,受西方饮食文化的影响,中国也出现了冷餐酒会、鸡尾酒会等宴会。

(二)饮食市场的空前繁荣

中国自古以农立国,历代统治者都实行着"重农抑商"的政策,因此作为商业重要组成部分的饮食业虽然在不断地走向繁荣,但常受到轻视,不能理直气壮地发展。直到20世纪80年代,第三产业蓬勃兴起,饮食业也受到了前所未有的重视和青睐,并迅速成为第三产业的中坚力量,饮食市场空前繁荣。1992年,餐馆数量为174万个,营业额590亿元,从业人员为480万人;而到了2001年,我国餐饮业经营网点已达350多万家,从业人员超过1 500万人,营业额突破4 000亿元。餐饮业已成为国内消费需求市场中发展速度最快的行业,对扩大内需和促进国民经济的发展作出了突出贡献。

同步练习

1. 在中国远古时期,距今180万年以前的什么人已经发现甚至可能学会利用火了?距今50多万年的什么人已经能够发明火、管理火以及用火熟食了?

2. 使人类从此告别茹毛饮血的饮食生活,并作为人类最终与动物划清界限的重要标志是什么?

3. 在整个原始社会里,我们的先祖在熟食活动中大致经历了哪几个阶段?每个阶段的情况怎样?

4. 考古研究表明,中国人发明陶器的时间距今有多少年?自此以后,中国原始先民的熟食活动进入了第几个阶段?

5. 在中国烹饪的萌芽阶段末期,调味出现了,人们已学会用什么调味?

6. 筵宴是怎样产生的?中国最早有文字记载的筵宴叫什么名?它产生于何时?

7. 青铜烹饪工具的发明和使用,使商周时期的人们对自然界和人类社会的认识水平大幅度提高,烹饪工艺在这一时期出现了一次巨大飞跃,主要表现在哪些方面?

8. "齐之以味,济其不及,以泄其过。"这句话是谁说的?什么意思?

9. 相传夏代的中兴国君曾任有虞氏庖正之职,这个人叫什么名字?

10. 伊尹与商汤的对话,被后人整理成饮食文化史上最早的文献,这个文献叫什么?

11. 试述《礼记·内则》所载"八珍"的名字及其烹调方法。"八珍"代表了哪里的饮食风味?

12. 贵族阶层在筵宴期间总是离不开音乐,以乐侑食,早在何时就在上层贵族阶层流行了?

13. 周代较为重要的宴饮有哪几种?

14. 秦汉时期蔬菜种植技术发展的一项突出成就是什么?

15. 用竹木制作蒸笼和面点模具起于何时?

16. 豆腐的发明起于何时?相传是谁发明的?

17. "五熟釜"发明于何时?其特点是什么?

18. 早在先秦之时,荤素肴馔就有了分别,但形成流派则始于哪个朝代?

19. 《断酒肉文》的内容是号召天下万民食素,寺院素食因此而渐成流派。这篇文章出自何人之手?

20. 陆羽精于茶事,著有何书并因此而被后世尊为"茶圣"?

21. 《饼赋》讲述饼的产生、品种、功用和制作,可谓是关于饼的专论之文,其作者是谁?是哪朝人?

22. 北魏贾思勰所著何书是我国第一部农学巨著,其中关于烹饪方面的内容具有较高的史料价值?

23. 元代的饮食业很庞杂,所经营的菜肴,除蒙古菜以外,还兼容了哪些民族的菜肴?

24. 辣椒和番薯的原产地在何处?何时传入中国?

25. "凡物各有先天,如人各有资禀","物性不良,虽易牙烹之,亦无味也",此段文字出自哪部书?作者是谁?这段话是什么意思?

26. 厨师用多种植物淀粉勾芡始于何时?

27. 清代,何地的瓜雕堪称绝技,并能代表这一时期最高的食品雕刻艺术?

28. 依据《山家清供》记载,名菜"拨霞供"的基本方法与今天的什么菜基本无异?

29. 宋代以后,市肆饮食文化流派已成气候,出现了哪些不同风味的餐馆?

30. 元代的宴会菜点以什么风味为主?而明代饮食又十分强调什么?重视什么?

31. 什么是"满汉全席"?其特点如何?

32. 元代宫廷御医忽思慧,他著的何书是一部药膳专著?

33. 试述现代中国烹饪文化的特点。

第二章 中国历史传承风味

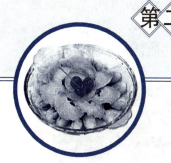

中国是一个历史悠久的文明古国,饮食文化源远流长。这一点可以从记载于历代文献中的数以万计的菜点品种上得到充分体现。然而,在历史长河中,很多菜点品种已销声匿迹,流传至今的菜点皆因其生命力之顽强而未遭淘汰。如果对这些传统菜点的源头细加研究,则会发现,它们多分属于历史上的宫廷菜、官府菜、寺院菜和市肆菜。立足于今天的角度而论,这些菜点由于推动了历史的光泽而淡化了彼此的区别,各种类别的菜点交错一处,彼此渗透。如"八宝豆腐"本属于宫廷菜,现在却遍地开花,成为酒馆饭店餐桌上的常见菜品;"拨霞供"早先是寺院菜,如今也演变成不同区域、不同风格的火锅、涮锅;而民间的小窝头却成了一道颇具特色的宫廷菜,诸如是例,不一而足。这些菜点如同一曲酣畅欢腾的交响乐,和谐交奏,相激相荡,从某种意义上说,这正是中国烹饪不断丰富、发展、自我完善之历程的主旋律。

第一节 宫廷风味

宫廷风味,又称御膳,是指奴隶社会王室和封建社会皇室、帝、后、世子所用的肴馔。

中国古代宫廷菜点,其各个朝代的风味特点不尽相同,但有一点是公认的,即中国历代帝王对口腹之欲都很重视。他们凭借着至高无上的地位和随心所欲的权势,役使世上各地各派名厨,聚敛天下四方美食美饮,形成了豪奢精致的御膳风味特色。尽管宫廷御膳为历代帝王们所独享,但每款美饮珍馔,都来自民间平民百姓提供的烹饪原料和烹饪技术。如果说,民间家居及市肆餐馆的饮食是中国烹饪的基础,那么,宫廷风味则是中国古代烹饪艺术的高峰。因此,每个时代的宫廷风味实际上都可以代表那个时代的中国烹饪技艺的最高水平。

图 2-1　五代·顾闳中《韩熙载夜宴图》

一、宫廷风味的历史沿革

早在周代,宫廷风味即已形成初步规模。周代统治阶层很重视饮食与政治之间的关系。周人无事不宴,无日不宴。究其原因,除周天子、诸侯享乐所需,实有政治目的。通过宴饮,强化礼乐精神,维系统治秩序。《诗·小雅·鹿鸣》尽写周王与群臣嘉宾欢宴场面。周王设宴目的何在?"(天子)行其厚意,然后忠臣嘉宾佩荷恩簿,皆得尽其忠诚之心以事上焉。上隆下报,君臣尽诚,所以为政之美也。"(《毛诗正义》)正因如此,周代的宫廷宴饮种类与规格就很复杂,以宫廷宴席的参加者及规模而论,宴席则有私席和官席之分。私席即亲友旧故间的聚宴,这类筵席一般设于天子或国君的宫室之内。官席是指天子、国君招待朝臣或异国使臣而设的筵席,这种筵席规模盛大,主人一般以大牢招待宾客。《诗·小雅·彤弓》写的就是周天子设宴招待诸侯的场面,从其中"钟鼓既设,一朝飨之"两句看,官宴场面一般要列钟设鼓,以音乐来增添庄严而和谐的气氛。"飨",郑笺:"大饮宾曰飨。"足见御膳官席的排场相当之大。若以御膳主题而论,则又可分为以下几种。

一是祭终宴饮。《左传·成公十三年》:"国之大事在祀与戎。"周人重视祭祀,而祭祀仪式的重要表现之一就是荐献饮食祭品,祭礼行过后,周王室及其随从聚宴一处。从排场看,祭终御膳比平常要大,馔品质量要高。《礼记·王制》:"诸侯无故不杀牛,大夫无故不杀羊,士无故不杀豕,庶人无故不食珍,庶羞不逾牲。"郑注:"故,谓祭祀之属。"只有祭祀时,周王室才可有杀牛宰羊、罗列百味的排场。《诗》中的《小雅·楚茨》、《周颂·有客》、《商颂·烈祖》等都不同程度地对祭终筵席进行了描述。

二是农事宴饮。自周初始,统治者就很重视农耕,并直接参加农业劳动,史称"王耕籍田",一般于早春择吉举行。天子、诸侯、公卿、大夫及各级农官皆持农具,至天子的庄园象征性地犁地,推犁次数因人不同,"天子三推,三公五推,卿、诸侯九推。反,执爵于大寝,三公九卿诸侯皆御,命曰劳酒"(《礼记·月令》)。"籍田"礼毕,便是农飨,天子要设筵席,众公要执爵饮宴。《诗》中《小雅·大田》、《小雅·甫田》、《周颂·载芟》、《周颂·良耜》、《鲁颂·有䮾》等,都对农事宴饮加以程度不同的描绘。

三是私旧宴饮。又称"燕饮",这是私交故旧族人间的私宴,据《仪礼·燕礼》贾公彦疏曰:"诸侯无事而燕,一也;卿大夫有王事之劳,二也;卿大夫又有聘而来,还,与之燕,三也;四方聘,客与之燕,四也。"后三种情况的筵席虽与国务政事有涉,但君臣感情笃深,筵席气氛闲适随和,故谓之"燕",属私旧御膳中常见的情况。

四是竞射宴饮。周人重射礼,"此所以观德行也"(《礼记·射义》)。举行射礼,是周统治者观德行、选臣侯、明礼乐的大事,且不能无筵席。《诗·大雅·行苇》

图2-2 古代燕饮场面

不吝笔墨,为我们描绘了射礼之宴:"肆筵设席,授几有缉御。或献或酢,洗爵奠斝。醓醢以荐,或燔或炙。嘉肴脾臄,或歌或咢。敦弓既坚,四鍭既钧,舍矢既均,序宾以贤。敦弓既句,既挟四鍭。四鍭如树,序宾以不侮。"开宴期间,人们拉弓射箭,不仅活跃了筵席气氛,更体现了周人的礼乐精神。另据《左传》载,杞大臣范献子访鲁,鲁襄公设宴款待他,并于筵席间举行射礼,参加者需三对,"家臣:展瑕、展玉父为一耦;公臣:公巫召伯、仲颜庄叔为一耦;鄫鼓父、党叔为一耦"(《左传》襄公二十九年)。这种诸侯国之间的"宾射"之宴在当时相当频繁,而且多带有一些外交活动的特点。

五是聘礼宴饮。"聘,访也"(《说文·耳部》),聘礼之宴即天子或国君为款待来访使臣而举办的筵席,周人又称之"享礼"。《左传》对此载录颇多,气氛或热

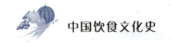

烈,或庄重;参加者或吟诗,或放歌;场面或置钟鼓,或伴舞蹈。宴饮期间,有个约定俗成的要求,就是"诗歌必类",即诗、歌、舞、乐都要表达筵席主题。据载:"晋侯与诸侯宴于温,使诸大夫舞,曰:'诗歌必类!'齐高厚之诗不类。荀偃怒,且曰:'诸侯有异志矣!'使诸大夫盟高厚,高厚逃归。于是,叔孙豹、晋荀偃、宋向戌、卫宁殖、郑公孙虿、小邾之大夫盟曰:'同讨不庭!'"(《左传》襄公十六年)可见,享礼的外交色彩浓重,它以筵席为形式、诗歌舞乐为表达手段、外交是目的。参加者通过对诗歌舞乐的听与观来理解和把握外交谈判的内容,甚至以此为依据来作出重大决策。

六是庆功宴饮。即针对国师或王师出征报捷后凯旋而归开设的筵席。这类筵席场面宏大,规模隆重,美馔纷呈,载歌载舞,气氛热烈,盛况无比。《诗》中《小雅·六月》、《鲁颂·泮水》、《鲁颂·宓宫》等对此场面都有描述,虽具体程度有异,但犹可见一斑。公元前632年,楚晋之间为争霸位打了一场恶仗,这就是战争史上很有名的晋楚城濮之战,此役晋师告捷。秋七月丙申,晋师凯旋而归,晋文公举行了盛况空前的庆功大宴(详见《左传》僖公二十八年)。筵席是在晋宗庙中举行的,晋侯以太牢犒劳三军,遍赏有功将士。参加人数之多、规模之大,不言而喻。

周王朝对天子及其王室的宫廷宴饮还设计了一整套的管理机构。根据《周礼》记载,总理政务的天官冢宰,下设59个部门,其中竟有20个部门专为周天子以及王后、世子们的饮食生活服务,诸如主管王室御膳的"膳夫",掌理王及后、世子御膳烹调的"庖人"、"内饔"、"亨人"等。根据现存的有关资料看,《礼记·内则》载述"八珍",是周代御膳席之代表,体现了周王室烹饪技术的最高水平。周天子的饮食都有一定的礼数,食用六谷(稻、黍、稷、粱、麦、菰),饮用六清(水、浆、醴、醢、凉、酏),膳用六牲(牛、羊、豕、犬、雁、鱼),珍味菜肴120款,酱品120瓮。礼数是礼制的量化,周王室宫廷宴饮礼制对养生的强调,其依据就是儒家倡导的"贵生"思想,其具体表现就是"水木金火土,饮食必时"(《礼记·礼运》)。以食肉为例,宰牲食肉要求应合四时之变,春天宜杀小羊和小猪,夏天用干雉和干鱼,秋天用小牛和麋鹿,冬天用鲜鱼和雁。从食鱼方面看,当时的鲔鱼、鲂鱼、鲤鱼在宫廷御膳中是最珍贵的烹饪原料。《诗·衡门》:"岂食其鱼,必河之鲂。……必河之鲤。"《周礼·虡人》:"春献王鲔。"周代御膳中蔬菜的品种并不多,据《周礼·醢人》载,天子及后、世子食用的蔬菜主要有葵、蔓菁、韭、芹、昌本、笋等数种,由于蔬菜品种有限,故专由"醢人"将它们制成酱,或由"醯人"把它们制成醋制品,以供王室食用。

如果说周王室的宫廷风味代表着黄河流域的饮食文化,那么,代表着长江流域饮食文化的南方楚国宫廷风味则与之遥相对峙,共同展示着3000多年前中国古代御膳的文化魅力。《楚辞》中《招魂》、《大招》两篇,所描述的肴馔品种繁多,相当精美,是研究楚国宫廷风味的重要文献资料。春秋时,中原文化多为楚人吸收。至战国,楚国向东扩展,楚国多次出师于齐鲁之境,中原文化对楚国的渗透更加深入,楚国宫廷风味对中原文化兼收并蓄,博采众长,既精巧细腻,又富贵高雅,形成了楚地宫廷风味形态。

秦汉以后,宫廷御厨在总结前代烹饪实践的基础上,对宫廷风味加以丰富和创新。从有关资料看,汉代宫廷风味中的面食明显增多,典型的有汤饼、蒸饼和胡饼。加外,豆制品的丰富多样又使汉宫御膳发生了重大变化。豆豉、豆酱等调味品的出现,改变了以往只用盐梅的情形;豆腐的发明深受皇族帝胄的喜爱,成为营养丰富、四时咸宜的烹饪原料。汉宫御膳已很有规模,皇帝宴享群臣时,则实庭千品,旨酒万钟,列金罍,满玉觞,御以嘉珍,飨以太牢。管弦钟鼓,妙音齐鸣,九功八佾,同歌并舞。真可谓美味纷陈,钟鸣鼎食,觞爵交错,规模盛大。

魏晋南北朝时期,是中国历史上分裂与动荡交织、各民族文化交融的特殊时期。在饮食文化方面,各族人民的饮食习惯在中原地区交汇一处,大大丰富了宫廷风味,如新疆的大烤肉、涮肉,闽粤一带的烤鹅、鱼生,皆被当时御厨吸收到宫廷中。《南史》卷十一《齐宣帝陈皇后传》载,宋永明九年,皇家祭祀的食品中"宣皇帝荐起面饼、鸭臛,孝皇后荐笋、鸭卵、脯、酱、炙白肉,齐皇帝荐肉脍、菹羹,昭皇后荐茗、米册、炙鱼,并平生所嗜也"。起面饼、炙白肉原是北方食品,为南朝皇室所喜爱,成为宫廷风味中常备之品。此外,由于西北游牧民族入居中原,使乳制品在中原得以普及,不仅改变了汉族人不习食乳的历史,也为宫廷风味增添了许多新的内容。

唐代宫廷风味不仅相当丰富,而且大有创新,这与唐代雄厚的经济基础和繁盛的餐饮市场分不开。御膳主食如"百花糕"、"清风饭"、"王母饭"、"红绫饼𫃎"等,菜品如"浑羊殁忽"、"灵消炙"、"红虬脯"、"遍地锦装鳖"、"驼峰炙"、"驼蹄羹"等都已成为唐宫御膳颇具代表性的美味,皇帝常将这些美味分赐给朝中的文武百官。唐代宫廷中举办宴会,很重视"看席"。《卢氏杂记》载:"唐御厨进食用九饤食,以牙盘九枚装食于其间,置上前,并谓之'香食'。"韦巨源为唐中宗设计"烧尾宴",宫廷风

图2-3 《宫乐图》

味中的"看席"为"素蒸音声部",即由七十个面制食品组成的舞乐场面,乐工歌伎之造型甚为逼真。唐宫御膳不仅场面规模大,而且馔品种类多,御膳的名目和奢侈程度都是空前的。仅以韦巨源"烧尾宴"看,水陆杂陈,山珍海味择其奇异者就有五十八味之多。这不仅反映了唐宫御膳挥金如土、奢侈浪费之惊人,也说明了这时的御膳的烹调技艺已达到了相当高的水平。

宋代宫廷风味,前后有很大差别。一般认为,北宋初叶至中叶较为简约,后期到南宋则较为奢侈。据史料载,宋太祖宴请吴越国君主钱俶的第一道菜是"旋鲊",即用羊肉醃制成;而仁宗夜半腹饥,想吃的竟是"烧羊"(《铁围山全谈》卷六)。诚如《续资治通鉴长编》所言:"饮食不贵异味,御厨止用羊肉,此皆祖宗家法,所以致太平者。"可见当时以羊肉为原料烹制的菜肴在宋初宫廷风味中的地位举足轻重。南宋以后,高宗对宫廷风味的要求很高。他做太上皇时,其子孝宗为他摆祝寿御膳,他却为这席御膳不丰盛而对孝宗发火。他还常派御厨到宫外的酒肆餐馆购回可口的肴馔,以不断丰富宫廷风味的品种,满足自己的口欲。据《枫窗小牍》载,高宗派人到临安苏堤附近买回他喜食的"鱼羹"、"李婆婆杂菜羹"、"贺四酪面脏"、"三猪胰胡饼"、"戈家甜食"等。宋宫节日御膳也很隆重。《文昌杂录》载,皇帝举行正旦盛宴,招待群臣百官,大庆殿上摆满了宫廷风味筵席。《梦梁录》卷三亦载:"其御宴酒盏皆屈卮,如菜碗样,有把手。殿上纯金,殿下纯银。食器皆金棱漆碗碟。御厨制造宴殿食味,并御茶床看食、看菜、匙箸、盐碟、醋樽,及宰臣亲王看食、看菜,并殿下两朵庑看盘、环饼、油饼、枣塔,俱遵国初之礼在,累朝不敢易之。"可见当时盛大的御宴排场。然而,食遍人间珍味的皇上也有不合口味的时候,"大中禅符九年置,在玉清昭应宫,后徙御厨也"(《事物纪原·卷六·御殿素厨》)。这显然是为了调解皇上口味而设,但也未必能使皇上满意。有一次,徽宗不喜早点,随手在小白团扇上写道:"造饭朝来不喜餐,御厨空费八珍盘。"有一学士悟出其意,便续道:"人间有味俱尝遍,只许江梅一点酸。"徽宗大喜,赐其一所宅院(见《话腴》)。足见宋宫御宴的奢靡程度。

元代宫廷风味以蒙古风味为主,并充满了异国情调。入主中原的蒙古人原以畜牧业为主,习嗜肉食,其中羊肉所占比重较大。宫廷风味很庞杂,除蒙古菜以外,兼容汉、女真、西域、印度、阿拉伯、土耳其以及欧洲一些民族的菜品。元延祐年间,宫廷御膳太医忽思慧著述的《饮膳正要》在"聚珍异馔"中就收录了回回、蒙古等民族及印度等国菜点94品,比较全面地反映了元代宫廷御膳的风味特点。由该书可知,元宫御膳不仅以羊肉为主,且主食亦喜与羊肉搭配烹制。御厨对羊肉的烹调方法有很多,最负盛名的是全羊席,据传是元宫廷为庆贺喜事和招待尊贵客人时设计制作的御膳,因用料皆取之于羊而得名。由于用料不同,烹饪方法不同,故其菜品色香味形各异。发展到清代时,全羊席更加豪华精美,"蒸之,烹之,炮之,炒之,爆之,灼之,熏之,炸之。汤也,羹也,膏也,甜也,咸也,辣也,椒盐也。所盛之器,或以碗,或以盘,或以碟,无往而不见羊也"(《清稗类钞·饮食类》)。技法之全面、品类之丰富,由是可知。元宫御膳对异族风味具有很强的包容性,如"河豚羹"在宫廷风味中颇负盛名。此菜的主料是羊肉,所谓"河豚"是以面做成河豚之形,入油煎炸后放入羊肉汤煮熟。这本是一款维吾尔族的名菜,蒙古族人引之入宫,成为皇族贵戚喜食的一道美味,反映了元代宫廷风味对各族传统饮食兼收并蓄、从善如流的特点。

明代宫廷风味十分强调饮馔的时序性和节令时俗,重视南味。据《明宫史》载:"先帝最喜用炙蛤蜊、炒海虾、田鸡腿及笋鸡脯。又海参、鳆鱼、鲨鱼筋、肥鸡、猪蹄共烩一处,名曰'三事',恒喜用焉。"由于明代在北京定都始于永乐年间,皇帝朱棣又是南方人,其妃嫔多来自江浙,故这时期的南味菜点在御膳中唱主角。自洪熙以后,北味在明宫御膳中的比重渐增,羊肉成为宫中美味。据《明宫史》载,羊肉主要用于养生保健,且多在冬季食用。另据《事物绀珠》载,明中叶后,御膳品种更加丰富,面食成为主食的重头戏,且肉食类与前代相比,不仅品种增加不少,而且烹饪方法也有很大突破:"国朝御肉食略:凤天鹅、烧鹅、白炸鹅、锦缠鹅、清蒸鹅、暴腌鹅、锦缠鸡、清蒸鸡、暴腌鸡、川炒鸡、白炸鸡、烧肉、白煮肉、清蒸肉、猪肉骨、暴腌肉、荔枝猪肉、燥子肉、麦饼鲊、菱角鲊、煮鲜肫肝、五丝肚丝、蒸羊。"可见,御厨对各地美味的网罗及其自身烹调技术的提高是明代宫廷风味不断出新的前提。

清代的宫廷风味在中国历史上已达到了顶峰。御膳不仅用料名贵,而且注重馔品的造型。清代宫廷风味在烹调方法上还特别强调"祖制",许多菜肴在原料用量、配伍及烹制方法上都已程式化。如民间烹制八宝鸭时只用主料鸭子加八种辅料;而清宫厨御烹制的八宝鸭,限定使用的八种辅料不可随意改动。奢侈靡费,强调礼数,这虽说是历代宫廷风味的共点,但清宫御膳在这两方面表现得尤为突出。皇帝用膳前,必须摆好与之身份相符的菜肴,御厨为了应付皇帝的不时之需,往往半天甚或一天以前就把菜肴做好。清代越是到后来,皇上用膳就越铺张。有关资料显示,努尔哈赤和康熙用膳简约,乾隆每次用膳都要有四五十种,光绪帝用膳则以百计。因此,后期清宫御膳无论在质量上还是在数量上都是空前的。

图2-4 今人复制的"满汉全席"部分菜式

清宫御膳风味结构主要由满族菜、鲁菜和淮扬菜构成,御厨对菜肴的造型艺术十分讲究,在色彩、质地、口感、营养诸方面都相当强调彼此间的协和归同。清宫御宴礼数名目繁多,唯以千叟宴规模最盛,排场最大,耗资亦最巨。

二、宫廷风味的主要特点

根据中国历朝宫廷风味的发展状况,可对中国古代宫廷风味的主要特点作如下归纳。

1. 选料严格

宫廷风味在生成之初就已具备了选料严格的特点。周代就有"不食雏鳖,狼去肠,狗去肾,狸去正脊,兔去尻,狐去首,豚去脑,鱼去乙,鳖去丑"(《礼记·内则》)的要求。"八珍"的制作过程在很大程度上就显示了御厨选料的良苦用心,如烹制"炮豚"必取不盈一岁的小猪,烹制"捣珍"必取牛羊麋鹿的脊背之肉。据《周礼》载,周王室所设"内饔",其职责就有"掌王及后、世子膳羞之割、亨、煎、和之事,辨体名肉物,辨百品味之物",还要"辨腥臊膻香之不可食者"。由此可见,至少自那时起,宫廷厨师对烹饪原料的取舍标准日渐严格,并已成为宫廷菜点的一大特点。

2. 烹饪精湛

中国历代帝王无不以自己的无与伦比的权力征集天下最好的厨师,满足个人的口腹之欲。这些宫廷御厨有着高超的烹饪技艺。他们在宫廷御膳房内拥有良好的操作条件和烹饪环境,加之宫廷对烹饪的程序有严格的分工与管理,如内务府和光禄寺就是清宫御膳庞大而健全的管理机构,对菜肴形式与内容、选料与加工、造型与拼配、口感与营养、器皿与菜名等,都加以严格限定与管理。这种情势下的烹饪不可能不精湛。

3. 馔品新奇

从早期奴隶社会到漫长的封建时代,统治者对味的追求往往要高于声、色。在物欲内容中,饮食享受占主要地位,让帝王吃好喝好,这既是御厨的职责,也是朝臣讨好帝王的一个突破口。宫廷风味正是伴随着这样的历史步伐而不断出新、出奇。仅以清代为例,入关之前,清太宗的祝寿御膳多用牛、羊、猪、鹿、狍、鸡、鸭等原料入馔;入关以后,皇上及王府贵戚非名馔不食,促使御厨整日处心积虑,不仅要罗尽天下美味,而且还要创制许多名菜,如"御膳熊掌"、"御府砂锅鹿尾"、"御厨鹅掌"、"御府铁雀"等菜,都是这样创制出来并流行于上层社会的。

第二节 官府风味

官府风味,是封建社会官宦人家所制的肴馔。唐人房玄龄对这类菜肴曾有过这样一段评语:"芳饪标奇","庖膳穷水陆之珍"(《晋书》),可谓一针见血。达官显贵穷奢极侈,饮食生活争奇斗富,这类事例于历史上不胜枚举。

一、官府风味的历史面貌

从文献记载上看,官府风味当滥觞于春秋,而贯穿于整个封建时代。春秋之际的易牙是齐桓公的宠臣,关于他的府第烹饪饮馔情况,古文献所载甚少,但易牙以擅长烹调见称于当时,这一史实表明,易牙府第对美味的追逐和创制绝不亚于齐国公室。何况易牙常为齐桓公下厨,并因此深得桓公宠信(《左传·僖公十七年》)。汉武帝的舅爷郭况"以玉器盛食,故东京谓郭家为琼厨金穴"(《拾遗记》)。汉成帝时,王氏五侯(汉河平二年,帝封舅父王谭平阿侯、王商成都侯、王立红阳侯、王根曲阳侯、王逢高平侯,五人同日受封,时人称"五侯")争富斗奢,京兆尹楼护"传食五侯间,各得其欢心,竞致奇膳"(《西京杂记·卷二》),"每旦,五侯家各遗饷之。君卿(楼护字)口厌滋味,乃试合五侯所饷为鲭而食,世所谓五侯鲭,君卿所致"(《裴子语林》)。晋武帝时,石崇与王恺斗奢,王恺烹食待客的速度总是比不上石崇,"石崇为客作豆粥,咄嗟便办;恒冬天得韭萍齑(将韭菜根与麦苗放于一处捣碎而成的菜肴)",王恺怪其故,便买通石崇属下的都督,"问所以,都督曰:'豆至难煮,唯豫作熟末。客至,作白粥以投之。'恺悉从之,遂争长。石崇后闻,皆杀告者"(《世说新语》)。这种宦门间的斗长,虽已到了无聊的地步,却也可见出"咄嗟便办"是当时豪强间衡量烹调技巧的标准之一。唐明皇时,李适之"既富且贵常列鼎于前,以具膳羞"(《明皇杂录》卷上)。更有甚者,"天宝中,诸公主相效进食,上命中官袁思艺为检校进食使,水陆珍羞数千,一盘之贵,盖中人十家之产"(同上)。而杨国忠吃饭不用餐桌,竟令侍女手捧盛满美味的餐具,环立而侍,号称"肉中盘"(《云仙杂记·卷三》)。唐武宗时的宰相李德裕所食之羹,以珍玉、宝贝、雄黄、朱砂等烹制而成,一杯羹费资三万,烹过三次后竟弃滓渣于沟中(《酉阳杂俎》)。如是等等,不一而足。可见历代高官显宦之家挥金如土,穷尽天下美味以自足,一些在今人看来不可思议的饮食行为常发生于这些官宦府内。当然,从另一个角度看,官府菜对中国烹饪的发展、演变也有其积极的一面,它保留了很多传统饮食烹饪的精华,在烹饪理论与实践方面有很多建树。如孔府菜、谭家菜就是如此。

1. 孔府菜

孔府,又称衍圣公府,是孔子后裔的府第。孔子受冷漠于生前,加荣宠于身后,自汉武帝推行"罢黜百家,独尊儒术"之后,孔子的儒家思想在封建社会意识形态中确立了指导性地位。孔子后裔世代受封,孔府便成为中国历史最久、家业最大的世袭贵族府第。明、清两代,衍圣公是世袭"当朝一品",权势尤为显赫。这样一个拥有两千多年历史、前后共七十七代的家族,在饮食生活方面积累了丰富的经验。当年的孔子就精于饮食之道,其后裔亦谨遵"食不厌精,脍不厌细"的祖训。孔子还备有相当完备的专事饮馔的厨房——内厨和外厨,分工细致,管理严格。所有这一切,对风格独特、美轮美奂之孔府菜的形成和发展起到了十分重要的作用。

孔府菜在重礼制、讲排场、追逐华奢方面与宫廷饮食别无二致。筵席名目繁多,最高级的称为"孔府宴会燕菜全席",简称"燕菜席",肴馔品数达130有余。据史料载,光绪二十年,七十六代衍圣公孔令贻上京为慈禧贺六十大寿,母彭氏、妻陶氏各向慈禧进一早膳,两桌用银达240两之多,排场奢侈之至,由是可见一斑。

孔府菜的烹饪技艺很独特。很多肴馔用料很平常,但粗料细做,非常讲究。如"炒鸡子",制作时将蛋清、蛋黄分打在两只碗内,蛋清内调以细碎的荸荠末,蛋黄内调入海米,搅匀后分别煎成黄、白两个圆饼,然后贴叠一起,入锅调味,大火

图2-5 孔府宴竹简式菜单

收燠即成。再如"丁香豆腐",主料是绿豆芽、豆腐,制作时将豆腐切成三角形,经油炸过,绿豆芽掐去芽和根豆莛,与豆腐同炒,豆莛与豆腐丁配在一起,如丁香花开。孔府上此菜时,常是先让食者观赏一番,然后再吃。

从有关文献看,孔府筵席的首道菜多用"当朝一品锅",这与孔子家族史及其特殊社会地位有直接关系。明清以后,孔子后裔皆封"当朝一品",居文武之首,故以"一品"命名的菜肴在孔府菜品中常见的。诸如"燕菜一品锅"、"素菜一品锅"、"一品豆腐"、"一品丸子"、"一品白肉"、"一品鱼肚"等。这也反映了孔子后裔对其祖先惠荫后世的感恩之情。像"神仙鸭子"、"怀抱鲤"、"诗礼银杏"、"油发豆莛"、"带子上朝"、"烧秦皇鱼骨"等,融孔府历史典故与烹饪技艺于一体,富有浓郁的文化色彩。

孔府菜还特别讲究筵席餐具。其最为精美豪华的成套餐具是银质的满汉全席餐具,共计404件,造型各异,别具匠心;餐具上还嵌有玉石宝珠,雕有各种鸟兽花卉图案,刻有很多诗句,文化与艺术浑然一体。

孔府菜是最典型、级别最高的官府菜,它生长于鲁菜的土壤上,是在鲁菜的基础上发展起来的;但它又给鲁菜以积极的影响,促使鲁菜精益求精。孔府菜和鲁菜之间形成了相辅相成、密不可分的关系。如今,孔府菜已归属于人民,北京宣武区南菜园街的孔膳堂饭庄和济南英雄山路的孔膳堂,就是以专营孔府菜而闻名的。很多高雅的孔府菜如"一品锅"、"带子上朝"、"一卵孵双凤"、"神仙鸭子"等,皆可在孔膳堂中品到。

2. 谭家菜

谭家菜,由清道光年间的谭莹始创。谭莹,字兆仁,号玉生,道光举人,工诗赋,好搜集秘笈;曾协助伍崇曜编订《粤雅堂丛书》、《岭南遗书》等,自有《乐志堂诗文集》传世。其人一生不得志,官仅至化州训导,但他从文人的角度为官府饮馔定下了一个淡雅清新的格调。其子谭宗浚,字叔裕,同治进士,亦工诗文,熟于掌故考稽,有《辽史世纪本末》、《希古堂诗文集》传世,其文才及成就皆胜其父。他是清末翰林,官至云南盐法道,这也为他热逐于美食美饮提供了保障。此人酷嗜珍馐美味,几乎无日不宴。他一生不置田产,却不惜重金聘请京师名厨,令女眷随厨学艺,博采南北菜系之长,渐成一派,形成甜咸适中、原汁原味的"谭家菜"。

图2-6 谭家菜品——佛跳墙

据有关研究成果可知,谭家原系海南人,但久居北京,故其肴馔虽有广东特点,但更多的是北京风味特色,可谓集南北烹饪精华于一体。在清末民初的北京官府菜中,谭家菜比孔府菜更负盛誉,当时有"戏界无腔不学谭,食界无口不夸谭"的民谚。而谭宗浚之子谭瑑青,嗜好美食胜过乃父,人戏称之"谭馔精"。此人不惜变卖房产,于家中设宴待客,终因家道衰落,难以为继。为此,他打出谭家办宴的招牌,有偿服务。凡欲品尝谭家菜风味者,须托与谭家有私旧之情者预约,每席收定金,以备筹措。另外,为了不辱没家风,谭家立了两条规矩:一是食客无论与谭家是否相识,均要给主人设一席位,以示谭家并非以开店为业,而是以主人身份"请客";二是无论订宴席者的权势有多大,都要进谭家门办席,谭家绝不在外设席。即便这样,前往订席者趋之若鹜,军政要员、金融巨子、文化名流,不惜一掷千金,竞相求订。

谭家菜虽然规矩多、索价高,但慕名问津者接踵不断,原因就在于它高超精细的烹调技法。谭家菜中的名馔有百余种之多,以烹调山珍海味见长。从慢火炖出的鱼翅熊掌,到汤清味鲜的紫鲍河鳞,无一不是精工细作。而谭家古朴典雅的客厅、异彩纷呈的花梨紫檀木家具、玲珑剔透的古玩、价值连城的名人字画,远非一般官府菜所比。解放后,谭家菜在政府的关怀下得以继承和发扬。50年代初,彭长海、崔明和等谭府家厨在北京果子巷开馆经营谭家菜。1958年,在周总理的建议下,谭家菜在北京饭店落户。发展至今,北京、上海、广州等地都有专营谭家菜的餐馆,品尝谭家菜对寻常百姓来说也并非难事,正可谓"旧时王谢堂前燕,飞入寻常百姓家"。

二、官府风味的基本特色

官府菜在其生成与发展的历史长河中,总要泛起饮食文化的糟粕。有关研究成果表明,官府菜的争奇斗奢之风始终未减,暴殄天物之例屡见不鲜,但这并非官府菜的主流。像孔府菜、谭家菜等官府菜,其中保留了大量的华夏饮食文化之精华,这些精华充分反映出官府菜的一些典型特征。

1. 烹饪用料广博

以孔府菜为例,其取材选料,基本上采自山东地区品种繁多的土特产,如胶东半岛的海参、鲍鱼、扇贝、对虾、海蟹等海产品,鲁西北的瓜果蔬菜,鲁中南山区的大葱、大蒜、生姜,鲁南湖泊区域的莲、菱、藕、芡,以及遍及全省的梨、桃、葡萄、枣、柿、山楂、板栗、核桃等,都是孔府菜取之不尽的资源,体现了孔府菜用料广博的基本特征。

2. 制作技术奇巧

以谭家菜为例,其海味烹饪最为著名。调味力求原汁原味,以甜提鲜,以咸提香,精于火工,所出菜肴滑嫩软烂,易于消化,多用烧、烩、焖、蒸、扒、煎、烤等制熟方法。如"清汤燕菜",以温水胀发燕窝,3小时后,再以清水反复冲漂,择尽燕毛与杂质,待燕窝泡发好后,放入一大碗中,灌入250克鸡汤,上笼蒸20分钟至30分钟,取出分装于小汤碗内,再将以鸡、鸭、肘子、干贝、火腿等料熬成的清汤加入适量的料酒、白糖、盐,盛入小汤碗内,每碗撒几根切得极细的火腿丝上桌。制作之奇、技法之巧,由是可见。

3. 筵席名目繁多

以孔府为例,其筵席品类很多,且等级森严,有婚宴、丧宴、寿宴、官宴、族宴、贵宾宴等。掌事者要根据参宴者官职大小与眷属亲疏来决定饮馔的档次及餐具的规格。另外,孔府中的"满汉全席"、"全羊大菜"、"燕菜席"、"海参席"等等,穷极奢华,排场颇盛,选定某种宴席,要以来客的身份、时令节俗、府内事体等作为确定依据。

4. 菜名典雅得趣

孔府菜在这方面较为突出,在菜肴命名上,孔府菜既保持和体现着"雅秀而文"的齐鲁古风,又表现出孔府肴馔与孔府历史的内在联系。如"玉带虾仁"表明衍圣公之地位的尊贵,"诗礼银杏"与孔家诗书继世有关,"文房四宝"表示笔耕砚田的家风,而"烧秦皇鱼骨"则寄托着对秦始皇"焚书坑儒"之暴政的痛恨。这些菜名体现着官府菜的文化意趣与特色。

第三节 寺院风味

寺院菜,泛指道教、佛教宫观寺院的以素食为主的肴馔。

从历史发展看,在我国传统饮食结构中,素食所占比重很大。《黄帝内经》早已有"五谷为养,五果为助,五畜为益,五菜为充"之论,这种以素为主的饮食结构的形成,其间并没有多少宗教因素起作用,更多的是以科学养生作为饮食结构的生成起点。只是到了后来,随着佛、道寺院宫观的兴盛,素菜的创制与出新便有了与之相应的条件和环境,真正意义上的素菜——寺院菜得以蓬勃发展。可以说,寺院宫观对教徒在饮食生活方面的清规,对我国寺院菜的发展起到了推波助澜的作用。

一、寺院风味的发展历程

佛教在两汉之际传入中国,起初是被视为黄老之术的一派而为宫廷内部接受。随后,译经僧不断东来,专事佛典汉译,倡法说教,印度佛教包括大小乘各派基本已被介绍到了中国。至南北朝,佛教摆脱依傍,走上了自己发展的道路。佛、道在宗教体系上的分化,正契合了魏晋的玄学思想,两大宗教在此时皆发展勃兴,出现了寺院宫观遍及名山大川的勃发势态,寺院菜也便应运而生。

起初,小乘佛教僧尼在生活上以乞食为主,所以虽重杀戒,但又无法禁止食肉。《十诵律》说:"我听啖三净肉,何等三? 不见,不闻,不疑。不见者,不自眼见为我故杀是畜生;不闻者,不从可信人闻为汝故杀是畜生;不疑者,是中有屠儿,是人慈心不能夺畜生命。"有关僧尼吃"三种净肉"的记载,还可见于《四分律》、《五分律》、《摩诃僧祇律》等佛典中。自南北朝后,大乘佛教盛行。大乘佛教的主要经典《大般涅槃经》、《楞伽经》等都主张禁止食肉。《大般涅槃经·卷四》说:"从今日始,不听声闻弟子食肉;若受檀越(施主)信施之时,应观是食如子肉想……夫食肉者,断大慈种。"南朝梁武帝十分推崇《般若》、《涅槃》等大乘佛典,尤其重视戒杀和食素。他撰写的《断酒肉文》从三个方面论述他的看法:(1)僧尼食肉皆断佛种,日后必遭苦报;(2)僧尼不禁酒肉,将以国法、僧法论处;(3)郊庙祭祀所用牺牲祭品,皆以面粉造型代用,太医不以虫畜入药。由于他坚持素食,使寺院僧尼开始了真正意义上的戒律生活。所以,我国寺院素菜,其真正产生的时间应是南朝。

素食的发展及形成体系,离不开僧尼的劳动创造。南朝寺庙的香积厨中有的已开始设计系列素食了。梁时的建康建业寺(在今南京)中有个和尚,擅长烹制素菜,用一种瓜可做出十余种菜,且一品一味(《南北史续世说》)。

大乘佛教对荤食有两种解释:其一是戒杀生,不食荤腥,古代愿云禅师诗曰:"千百年来碗里羹,冤深如海恨难平。欲知世上刀兵劫,但闻屠门半夜声。"恻隐之心,跃然纸上。其二是把葱、蒜等气味浓烈的食物称为"荤"。古代佛门有"五荤"之说,即大蒜、大葱、兴渠、慈葱、茖葱。从烹饪原料角度看,寺院菜的原料以素为主,当然僧人也有茹腥之特例。传说张献忠攻渝时,强迫破山和尚吃肉,破山和尚道:"公不屠城,我便开戒。"张献忠应允。结果破山和尚边吃肉边唱偈:"酒肉穿肠过,佛祖心中坐。"这个和尚为渝城百姓免遭杀戮而破戒,可谓功德无量。另据笔记载,古时一僧将伽蓝(即佛像)当木柴烧狗肉吃,并吟道:"狗肉锅中还未烂,伽蓝再取一尊来。"为此,清代佛学家梁章钜痛斥:"余以为此不但魔道,直是饿鬼道,畜牲道矣。"(《两般秋雨庵随笔》)这种无法无天、大鸣大放式的吃肉僧侣,在那些一心修习以求正果的信徒当中,受到了无情的冷遇。

寺院菜到了宋代有了长足的发展。一方面,宋人特别是士大夫的饮食观有所变化,素菜被视为美味;另一方面,面筋在素菜中开始被重视,尽管它首创于南朝(《事物绀珠》),但引入素馔烹调,作为"托荤"菜不可或缺的原料,则始于宋。《山家清供·卷下·假煎肉》载有这样一道菜:"瓠(即嫩葫芦)与麸(面筋)薄切,各和以料煎,加葱、椒油、酒共炒。瓠与麸不惟如肉,其味亦无辨者。"此便是"托荤"菜之一例。

僧尼食用寺院菜,一般而言较为清苦,由于他们奉行的是唐朝百丈禅师"一日不作,一日不食"的信条,因此他们认为贪口福有碍定心修行,这是寺院清规所不容的。但向社会开放的筵席却是美味错列。餐馆经营的素菜正是学习和借鉴了寺院宫观烹饪的结果。据史料载,北宋都城汴京、南宋都城临安皆有专营素菜的饮食店,所售素馔皆得传于寺院宫观,"素食店卖素签、头羹、面食、乳蕈、河鲲、鼋鱼。凡麸笋乳蕈饮食,充斋素筵会之备"(《都城纪胜》)。诸如"笋丝麸儿"、"假羊事件"、"假驴事件"、"山药元子"、"假肉馒头"、"麸笋丝"等"托荤"菜已成系列。当时临安素食店所卖素馔达三四十种,不仅有仿制的鸡鸭鱼肉,还有仿制出的动物内脏,如"假凉菜腰子"、"假煎白肠"、"假炒羊肺"、"素骨头面"。此外,"更有专卖素点心的食店,如丰糖糕、乳糕、栗糕、重阳糕、枣糕、乳饼"(《梦粱录·卷十六》)等等。

到了清代,寺院菜发展到了最高水平。许多寺院菜所出肴馔,均已形成该寺院特有的风味,"寺庙庵观素馔著称于时者,京师为法源寺,镇江为定慧寺,上海为白云观,杭州为烟霞洞"(《清稗类钞·饮食类》),而"扬州南门外法少寺,大丛林也,以精治肴馔闻"(同上)。许多寺院僧尼以寺院菜的独特风味而经商谋利。此时还出现了以果品花叶为主料的素馔,"乾、嘉年间,有以果子为肴者,其法始于僧尼,颇有风味,如炒苹果、炒荸荠、炒藕丝、炒山药、炒栗片,以及油煎白果、酱炒核桃、盐水熬落花生之类,不可枚举。但有以花叶入馔者,如胭脂叶、金雀叶、韭菜花、菊花瓣、玉兰花瓣、荷花瓣、玫瑰花瓣之类,亦颇新奇"(同上)。到了晚清,翰林院侍读学士薛宝辰著有《素食说略》一书,依类分四卷,记述了当时较为流行的170余品素馔的烹调方法。尽管作者在"例言"中称"所言作菜之法,不外陕西、京师旧法",但较之《齐民要术·素食》、《心本斋蔬食谱》等以前的素食论著,内

图2-7 寺院菜品——罗汉斋

容丰富,方法易行,对寺院菜在民间的推广传播起到了积极的作用。

道教宫观素馔、道士的饮食戒律,基本上照搬了佛门寺院的模式,这其间有着深厚的思想基础。佛教传入中国后,显示出很强的包容性和适应性。以泰山佛教为例,它对异教兼收并蓄,如斗姆宫、红墙宫即是佛教兼容道教的典型寺院。道教的思想虽然杂而多端,但它体现着对理想世界的双重追求。一方面,是在现实世界上建立没有灾荒和疾病、"人人无贵贱,皆天之所生也"、"高者抑之,下者举之,有余者损之,无余者补之"的平等社会;另一方面,是追求处生死、极虚静、超凡脱俗、不为物累的"仙境"世界。这一切与佛教的基本教义和思想方法有很多相似点。况且佛教起初传入时,先依附于盛行当时的黄老之学,魏晋时又依附于流行于世的以老庄思想为骨架的玄学。佛、道两教,相激相荡,共同趋于繁荣。由是可知,道教的许多饮食之法、之戒,皆得传于佛门寺院,这也是顺理成章的。

从宫观道教徒的饮食习性看,其宫观饮馔呈现出一种虚静无为、"不食人间烟火"的特点,与庄子所谓"不食五谷,吸风饮露,御飞龙而游乎四海"(《庄子·逍遥游》)的浪漫传说同辙。如"先不食有形而食气"(《太平经·卷四十二》),"先除欲以养精,后禁食以存命"(《太清中黄真经》),"仙人道士非可神,积精所致和专仁。人皆食谷与五味,独食太和阴阳气,故能不灭天相既"(《黄庭外景经》)等食规食律即已为客观饮馔定下了基调。而荤腥及韭蒜葱薤之类,皆为道教徒所忌,"禽兽爪头支,此等血肉食,皆能致命危。荤茹既败气,饥饱也如斯,生硬冷需慎,酸咸辛不宜"(《胎息秘要歌诀·饮食杂忌》)。这种饮食摄生之道如法炮制了佛教寺院的饮食守则。至代,王重阳为其所倡导的"全神锻气,出家修行"之说而制定了一整套道士饮食戒规,提出"大五荤"、"小五荤"之说。"大五荤"即牛、羊、鸡、鸭、鱼等一切肉类食物,"小五荤"即韭、蒜、葱、薤及胡荽等有刺激性气味的蔬菜,这些皆为修道者禁食之物。可见,宫观内的烹饪饮食在更多方面受到了佛门食规的影响,寺院佛门的烹饪方法也便流布于道观中,如寺院佛门中以面筋、豆腐之类为主料的馔品及其烹法皆为宫观道厨所仿用。正因为佛、道先有了教义上的近似点或某些共同点作为相激相荡的前提背景,然后才有大量的寺院佛门菜点及其烹制方法传入宫观道厨之手的可能和必然。

二、寺院风味的烹饪特色

寺院菜在其生成、发展过程中,形成了一系列鲜明特色,主要有以下几方面。

1. 就地取材

寺院宫观的僧尼、道徒平日除诵经、入定、坐禅及一些佛事、道事之外,其余时间多用于植稼种蔬的田间劳作,以供日常饮食之需。大量的饮馔原料得之于寺院宫观依傍之地,可谓"靠山吃山"。以重庆罗汉寺内名馔"罗汉斋"为例,其寓意罗汉的十八种原料分别是花菇、口蘑、香菇、竹笋尖、川竹荪、冬笋、腐竹、油面筋、素肠、黑木耳、金针菜、发菜、银杏、素鸡、马铃薯、胡萝卜等。这些原料极其平常,皆为山野货色。而扬州大明寺的"拔丝荸荠"、"拔丝山药"、"鸡茸菜花"等也都是就地取材的上乘之作。再如斗姆宫所在的泰山,有这样的民谚:"泰山有三美,白菜豆腐水。"斗姆宫的僧厨用产自岱阳、灌庄、琵琶湾的豆腐,制成"金银豆腐"、"葱油豆腐"、"朱砂豆腐"、"三美豆腐"等名馔,以饷施主。青城山天师洞用茅梨、银杏、慈笋等当地原料,烹制出的"燕窝蟠寿"、"玫红脆饯"、"仙桃肉片"、"白果烧鸡"等都是寺院宫观烹饪就地取材的具体反映。

2. 擅烹蔬菽

寺院菜的主要烹饪原料为菇果蔬菽之类,像杭州灵隐寺的"云林素斋",对这些原料的烹制素有盛名。以"熘黄菜"为例,取嫩豆腐一块半,蘑菇50克,素火腿25克,绿色蔬菜10克,生粉20克,味精、细盐、素油、柠檬黄少许。先将蔬菜放入锅内烫熟捞出,用冷水冲凉,细切成丁;将素火腿、蘑菇切成细丁;将豆腐搅碎,连同蘑菇丁一起,加生粉、细盐、味精、柠檬黄拌匀成糊;素油入锅至六成热,倒进豆腐、蘑菇丁一起制成糊状,然后熘透起出,盛进深底盘内,撒上绿色蔬菜丁和素火腿丁,形成"满天星",最后淋上麻油即成。此菜味美不腻、清香可口,是云林素斋的代表作之一。与云林素斋齐名的还有上海玉佛寺和功德林、扬州大明寺、成都文书院等的素斋。它们皆以选料精细、烹制讲究、技艺精湛、花色繁多、口味多样等特点而蜚声海内外,共同体现着寺院素斋擅烹蔬菽的整体特征。

3. 以素托荤

寺院菜不仅在艺术上颇显功底,而且在以素托荤方面匠心独运。以素托荤,就是以豆腐衣及其他原料作为造型用料,根据鸡、鸭、鹅、鱼、虾等形象特征加以造型制馔,不仅形神兼备,而且味香可口,大有以假乱真的效果。如功德林素斋中的名馔"烧烤肥鸭"、"四乡熏鱼"、"脆皮烧鸭"、"八宝鳜鱼"、"红油明虾"、"醋熘黄鱼"、"卷筒嫩鸡"等就属此类。而扬州大明寺的"笋炒鳝丝",所用原料无非是香菇之类,而烹制出的效果相当逼真,几乎与真鳝鱼切丝烹制出的"炒软兜"无异。另外,按照一定方法,白萝卜加发面、豆粉、食油等可制成"猪肉";面筋可制成"肉片";豆筋可制成"肉丝";胡萝卜、土豆可制成"蟹粉";绿豆粉、玉兰笋可制成"鱼翅",如此等等。这种以素托荤仿制技巧的运用,充分展现了中国素馔的艺术特色,反映了中国人在饮食活动中所特有的审美心态与艺术创造能力。

第二章 中国历史传承风味

第四节　市 肆 风 味

市肆风味，即人们常说的餐馆菜，是饮食市肆制作并出售的肴馔的总称。它是随着贸易的兴起而发展起来的。

《尔雅·释言》："贸、贾，市也。"《易·系辞下》："日中为市，致天下之民，聚天下之货。""肆"的本义是陈设、陈列（《玉篇·长部》），而作为集市贸易场所之说，则是其本义的引申。市肆菜是经济发展的产物，它能根据时令的变化而变化，并适应社会各阶层的不同需求。高档的酒楼餐馆、中低档的大众菜馆饭铺，乃至街边的小吃排档，皆因各自烹调与出售的饮馔特点而形成各自的消费群体。

一、市肆饮食的发展历程

中国历史上市肆饮食的兴起与发展，始终伴随着社会经济主旋律的变化，经受着市场贸易与文化交流的互动影响。而历史的变革、社会的动荡、交通运输的便利、文化重心的迁移、宗教力量的钳制、风土习俗的演化，使中国历史上的市肆饮食形成了内容深厚凝重、风格千姿百态的整体性文化特征。

早在原始社会末期，随着私有制的逐步形成，自由贸易市场有了初步规模，《易·系辞下》："神农氏作……日中而市，致天下之民，聚天下之货，交易而退，各得其所。"一摊一贩的市肆饮食业雏形就是在这样的历史条件下应运而生的。夏至战国的商业发展已有了一定的水平，相传夏代王亥创制牛车，并用牛等货物和易氏做生意。有关专家考证，商民族本来有从事商业贸易的传统，商亡后，其贵族遗民由于失去参与政治的前途转而更加积极地投入商业贸易活动。西周的商业贸易在社会中下层得以普及，春秋战国时期，商业空前繁荣，当时已出现了官商和私商，东方六国的首都大梁、邯郸、阳翟、临淄、郢、蓟都是著名的商业中心。商业的发达，不仅为烹饪原料、新型烹饪工具和烹饪技艺等方面的交流提供了便利，同时也为市肆饮食业的形成提供了广大的发展空间。

据史料载，商之都邑市场已出现制作食品的经营者，朝歌屠牛、孟津市粥、宋城酤酒、燕市狗屠、齐鲁市脯皆为有影响的餐饮经营活动。《鹖冠子》载，商汤相父伊尹在掌理朝政之前，曾当过酒保，即酒肆的服务员。姜子牙遇文王前，曾于商都朝歌和重镇孟津做过屠宰和卖饮的生意，谯周《古史考》言吕尚"屠牛于朝歌,市饮于孟津",足见当时城邑市肆已出现了出售酒肉饭食的餐饮业。至周,市肆饮食业已出现繁荣景象,甚至在都邑之间出现了供商旅游客食宿的店铺,《周礼·地官·遗人》说:"凡国野之道,十里有庐,庐有饮食。"时至春秋,饮食店铺林立,餐饮业的厨师不断增多,《韩非子·外储说右上》:"宋人有酤酒者,斗概甚平,遇客甚谨,为酒甚美,悬帜甚高……"可见,当时的店铺甚多,已形成生存而竞争的态势,竞相提供优质食品与服务已成为当时市肆饮食业必须采取的竞争手段。是时,中国市肆风味即已形成。

如果立足于中国饮食文化历史发展的角度,把先秦三代视为中国餐饮业的形成阶段,那么,公元前221年到公元960年的秦到唐代的1 200多年的饮食文化发展历史阶段,则可视为中国市肆菜的发展阶段。汉初,战乱刚结束,官府不得不实行休养生息的政策,经过文景之治,农业和手工业有了一定的发展。秦汉以来,统治者为便于对全国各地的管辖,很重视道路交通的建设。从秦筑驰道、修灵渠,沟通西域,到隋修运河,交通的便利在客观上大大促进了国内与周边国家以及中亚、西亚、南亚、欧洲等地的经济、文化交往。到了唐代,驿道以长安为中心向外四通八达,"东至宋、汴,西至岐州,夹路列店肆待客,酒馔丰溢"(《通典·历代盛衰户口》)。而水路交通运输七泽十薮、三江五湖、巴汉、闽越、河洛、淮海无处不达,促进了市肆饮食业的繁荣。

自秦汉始,已建起以京师为中心的全国范围的商业网。汉代的商业大城市有长安、洛阳、邯郸、临淄、宛、江陵、吴、合肥、番禺、成都等。城市商贸交易发达,"通都大邑"的一般酒店家,就"酤一岁千酿,醯酱千瓨,酱千儋,屠牛羊彘千皮"(《盐铁论·散不足》)。从《史记·货殖列传》得知,当时大城市饮食市场中的食品相当丰富,有谷、果、蔬、水产品、饮料、调料等等。交通发达的繁华城市中即有"贩谷粜千钟",长安城也有了有鱼行、肉行、米行等食品业,说明当时的市肆饮食市场已很发达。

餐饮业的繁荣促进了市肆风味的发展。《盐铁论·散不足》中就生动地描述了汉代长安餐饮业所经营的市肆风味"熟食遍列,肴旅成市"的盛况:"作业堕怠,食必趣时,枸豚韭卵,狗臛马朘,煎鱼切肝,羊淹鸡寒,桐马酸酒,蹇脯胹脯。朐羔豆饧,穀膹雁羹,白鲍甘瓠,熟粱和炙。"足见当时餐饮业经营的市肆风味品种之丰富。而据《史记·货殖列传》之所述,从另一角度也说明了当时市肆饮食业的兴盛:"富商大贾周流天下,交易之物莫不通,得其所欲,而徙豪杰诸侯强族于京师。"正是在这种大环境下,才有"贩脂,辱处也,而雍伯千金。卖浆,小业也,而张氏千万……胃脯,简微耳,浊氏连骑。"汉代的达官显贵所消费的酒食多来自市肆。《汉书·窦婴田蚡传》载,窦婴宴请田蚡,"与夫人益市牛酒"。而司马相如与卓文君在临邛开酒店之事,则成为文人下海的千古佳话。餐饮业的发展,已不仅局限于京都,从史料记载看,临淄、邯郸、开封、成都等地,也形成了商贾云集的市肆饮食市场。

魏晋南北朝期间,烽火连天,战乱不绝,市肆饮食的发展受到一定的影响。但只要战火稍息,餐饮业便有了继续发展的态势。东晋、南朝的建康和北魏的洛阳,是当时南北两大商市。城中共有110坊,商业中心的行业多达220个。而洛阳三大市场之一的东市丰都,"周八里,通门十二,其内一百二十行,三千余肆……市四壁有四百余店,迭楼延阁,互相临映,招致商旅,珍奇山积"。国内外的食品都可在此交易。市肆网点设置相对集中,出现了许多少数民族经营的酒肆。据《洛阳伽蓝记》载,在北魏的洛阳,其东市已集中出现了"屠贩",西市则"多酿酒为业",当时有一些少数民族到中原经营餐饮,出现了辛延年在《羽林郎》中所描述的"胡姬年十五,春日独当垆"的景象。

隋炀帝大业六年,"诸蕃请入丰都市交易,帝许之。先命整饰店肆,檐宇如一。盛设帷帐,珍货充积,人物华盛。卖菜者藉以龙须席,胡客或过酒食店,悉令邀延就坐,醉饱而散,不取其直。绐之曰:'中国丰饶,酒食例不取直。'胡客皆惊叹"(见《资治通鉴》卷一八一),足见当时市肆饮食业之盛势。而烹饪技术的交流起先就是从市肆饮食业开始的,如波斯人喜食的"胡饼"在市面上随处可见,甚至还出现了专营"胡食"的店铺。"胡食",即外国或少数民族食品,在许多大商业都市中颇有席位。胡人开的酒店如长兴坊饆饠店、颁政坊馄饨店、辅兴坊胡饼店、永昌坊菜馆等,这些市肆饮食业已出现于有关文献史料记载中。

至唐,经济发达,府库充盈,出现了如扬州、苏州、杭州、荆州、益州、汴州等一大批拥有数十万人口的新兴城市,这是唐代市肆饮食业高度发展的前提。星罗棋布、鳞次栉比的酒楼、餐馆、茶肆,以及沿街兜售小吃的摊贩,已成为都市繁荣的主要特征。饮食品种也随之丰富多彩。《酉阳杂俎》记载了许多都邑名食,如"萧家馄饨,漉去汤肥,可以瀹茗。庾家粽子,白莹如玉。韩约能作樱桃饆饠,其色不变"。足见当时餐饮业市肆烹饪技术已达到了很高水平。而韦巨源《食谱》载:"长安闾阖门外通衢有食肆,人呼为张手美者,水产陆贩,随需而供,每节专卖一物,遍京辐辏,名曰浇店。"

"胡食"、"胡风"的传入,给唐代市肆风味吹来一股清新之气,不仅"贵人御馔尽供胡食"(《新唐书·回鹘传》、《旧唐书·舆服志》),就是平民也"时行胡饼,俗家皆然"(慧林:《一切经音义》卷37)。至于"扬一益二",这类颇为繁荣的大都市的餐饮业中,多有专售"胡食"的店铺,如胡人开设的酒肆中,就售有高昌国的"葡萄酒"、波斯的"三勒浆"、"龙膏酒"、"胡饼"、"五福饼"等。有的酒肆以胡姬兴舞的方式招徕顾客,许多诗人对此有论。如李白《少年行》诗云:"五陵年少金市东,银鞍白马度春风。落花踏尽游何处,笑入胡姬酒肆中。"另,杨巨源《胡姬词》诗亦云:"妍艳照江头,春风好客留。当垆知姜惯,送酒为郎羞。香度传蕉扇,妆成上竹楼。数钱怜皓腕,非是不能愁。"其又云:"胡姬颜如花,当垆笑春风。笑春风,舞罗衣,君今不醉当安归!"市肆饮食之盛,由是可见。

市肆饮食业的夜市在中唐以后广泛出现,江浙一带的餐饮夜市颇为繁荣,而扬州、金陵、苏州三地为最,唐诗有"水门向晚茶商闹,桥市通宵酒客行"之句,形象地勾勒出夜市餐饮的繁荣景象。而苏州夜市船宴则更具诗情画意,"宴游之风开创于吴,至唐兴盛。游船多停泊于虎丘野芳浜及普济桥上下岸。郡人宴会与请客皆吴贸易者,辄凭沙飞船会饮于是。船制甚宽,艄舱有灶,酒茗肴馔,任客所指","船之大者可容三席,小者亦可容两席"(见《桐桥倚棹录》)。由于唐代交通的便利和餐饮业的发达,各地市肆烹饪的交流亦已成规模,在长安、益州等地可吃到岭南菜和淮扬菜,而在扬州也出现了北食店、川食店。

从公元960年北宋建立到1911年清朝灭亡,是中国餐饮业不断走向繁荣的时期。在中国经济发展史上,宋代掀起了一个经济高峰,生产力的发展带动了社会经济的兴盛,进入商品流通渠道的农副产品,其品种之多,可谓空前。在北宋汴京市场上就可看到"安邑之枣,江陵之橘……鲐鲨鲫鲍,酿盐醢豉。或居肆以鼓炉。或居肆以鼓炉橐,或磨刀以屠猪羲"(见周邦彦《汴城赋》),这表明宋代的商品流通条件有了很大改善,而且餐饮市场的进一步发展也有了前提和必然性,各地富商巨贾为南北风味烹饪在都邑市肆饮食业的交流创造了便利条件。仅以东京而言,从城内的御街到城外的八个关厢,处处店铺林立,形成了二十余个大小不一的餐饮市场,"集四海之珍奇,皆归市易;会寰区之异味,悉在庖厨"(《东京梦华录·序》)。在这里,著名的酒楼馆就有七十二家,号称"七十二正店",此外不能遍数的餐饮店铺皆谓之"脚店"(《东京梦华录·卷二》),出现了素食馆、北食店、南食店、川食店等专营性风味餐馆,所经营的菜点有上千种。这些餐饮店铺经营方式灵活多样,昼夜兼营。大酒楼里,讲究使用清一色的细瓷餐具或银具,提高了宴会的审美情趣。夜市开至三更,至五更时早市又开。餐饮市场还出现了上门服务、承办筵席的"四司六局",各司各局内分工精细,各司其职,为顾主提供周到服务。另外还出现了专为游览山水者备办饮食的"餐船"和专门为他们提供烹调服务的厨娘。另一方面,南方海味大举入

图 2-8 《清明上河图》(部分)

京,欧阳修在《京师初食车螯》一诗中就对海错珍品倍加赞颂。从宋代刻印的一些食谱看,南味在北方都邑有很大的市场,而北味也随着宋朝廷的南徙而传入江南。淳熙年间,孝宗常派内侍到市面的饮食店中"宣索"汴京人制作的菜肴,如"李婆朵菜羹"、"贺四酪面"、"藏三猪胰胡饼"、"戈家甜食"等。隆兴年间,皇室在过观灯节时,孝宗等于深夜时品尝了南市张家圆子和李婆婆鱼等,标价甚惠,"直一贯者,犒之二贯"(见周密《癸辛杂识》)。

元代市肆饮食业的繁荣程度与饮馔品种皆逊色于前朝,都邑餐饮市场发生的最明显的变化就是融入了大量的蒙古和西域的食品。10世纪至13世纪初,畜牧业成为蒙古人生产的主要部门和生活的根本来源,故蒙古族人食羊成俗。入主中原后,餐饮市场的饮食结构出现了主食以面食为主、副食以羊肉为主的格局。如全羊席在酒楼餐馆中就很盛行。餐饮市场上还出现了饮食娱乐配套服务的酒店。

明清两代,随着生产力的发展与人口的激增,封建社会再次走向鼎盛,市肆饮食业蓬勃发展并呈现出繁荣的局面。孔尚任在《桃花扇》中描写扬州道:"东南繁荣扬州起,水陆物力盛罗绮。朱橘黄橙香者橼,蔗仙糖仙如次比。一客已开十丈筵,宾客对列成肆市。"吴敬梓在《儒林外史》中描述南京餐饮盛况时道:"大街小巷,合共起来,大小酒楼有六七百座,茶社有一千余处。"各地餐饮市场出售的美食在地方特色方面有所增强,甚至形成菜系,时人谓之"帮口",《清稗类钞·饮食卷》:"肴馔之有特色者,为京师、山东、四川、福建、江宁、苏州、镇江、扬州、淮安。"这不仅说明今天许多菜系的形成源头可以追溯到此时,而且也说明此时这些地方的市肆饮食很发达。餐饮市场为菜系提供了生成与发展的空间,许多保留于今的优秀传统菜品都诞生于这一时期的市肆饮食市场中。繁荣的餐饮市场已形成了能满足各地区、各民族、各种消费水平及习惯等的多层次、全方位、较完善的市场格局。一方面是异彩纷呈的专业化饮食店,它们凭借专业经营与众不同的著名菜点、经营方式灵活及价格低廉等优势,占据着市场的重要位置。如清代北京出现的专营烤鸭的便宜坊、全聚德烤鸭馆,以精湛的技艺而流芳至今。另一方面是种类繁多、档次齐全的综合性饮食店,其在餐饮市场中起着举足轻重的作用。它们或因雄厚的烹饪实力、周到细致的服务、舒适优美的环境、优越的地理位置吸引食客,或因方便灵活、自在随意、丰俭由人而受到欢迎。如清代天津著名的八大饭庄,皆属高档的综合饮食店,拥有宽阔的庭院,店内有停车场、花园、红木家具及名人字画等,只承办筵席,宾客多为显贵。而成都的炒菜馆、饭馆则是大众化的低档饮食店,"菜蔬方便,咄嗟可办,肉品齐全,酒亦现成。饭馆可任人自备菜蔬交灶上代炒"(见《成都通览》)。此外还有一些风味餐馆和西餐馆也很有个性,如《杭俗怡情集锦》载,清末杭州有京菜馆、番菜馆及广东店、苏州店、南京店等,经营着各种别具一格的风味菜点。

清代后期,以上海为首,广州、厦门、福州、宁波、香港、澳门等一些沿海城市沦为半殖民地化城市,西方列强一方面大肆掠夺包括大豆、茶叶、菜油等中国农产品;另一方面向我国疯狂倾销洋面、洋糖、洋酒等食品。但传统餐饮市场的主导地位即使在口岸城市中也没有被动摇,甚至借助于殖民地化商业的畸形发展,很多风味流派还得以传播和发展。例如著名的北京全聚德烤鸭店、东来顺羊肉馆、北京饭店,广州的陶陶居,杭州的楼外楼,福州的聚春园,天津的狗不理包子铺等都是在这一时期开业的。

二、市肆饮食的基本特征

1. 技法多样,品种繁多

市肆菜点在漫长的历史发展中,大量吸取了宫廷、官府、寺院、民间乃至少数民族的饮馔品种和烹饪技法,从而构筑了市肆风味在品种和技法方面的优势,如《齐民要术》中记载的一些制酪方法,实际上是由于当时西北游牧民族入主中原后仍保留着原来的饮食习俗;且这种饮食习俗已在汉族人的饮食生活中产生了影响,甚至已有了广泛的市场。元代的京都市肆流行着"全羊席",烹调技法得传于蒙族。清代,京师中许多高档酒楼餐馆都有满族传统菜"煮白肉"、"荷包里脊"等出售,其法皆传于皇室王府。

佛教流布中国后,很快为中国人所接受。佛教信徒除出家到寺院落发者外,更多的是做佛家俗门弟子。他们按照佛门清规茹素戒荤,市肆饮食行业为了满足这些佛教徒的饮食之需,学习寺院菜的烹饪方法。如唐代时,许多市肆素馔如"煎春卷"、"烧春菇"、"白莲汤"等,其烹饪方法皆得传于湖北五祖寺。许多古代素食论著如《齐民要术·素食》、《本心斋蔬食谱》、《山家清供》等,所录素馔及其制作方法,无法辨别哪些是官府或民间的,哪些是宫廷或市肆的,哪些又是寺院的。

市肆饮食烹饪方法大大多于官府烹饪或寺院烹饪方法。据统计,在反映南宋都城情况的《梦粱录》中记述的市肆烹饪方法近20种。该书所记的市肆供应品种,诸如酒楼、茶肆、面食店等出售的各种品种,共计800多种,如果按吴自牧自述的"更有供未尽名件"这句话看,市肆饮馔的实际数量应当更多。另外,像《成都通览》录述了清末民初成都市肆上供应的川味肴馔1 328种;《桐桥倚棹录》记载苏州虎丘市场上供应的菜点147种;至于《扬州画舫录》、《调鼎集》等有关市肆菜的记载亦不在少数,足见市肆饮食种类之多。发展至今,各地市肆菜点更是丰富多彩,难以数计。

2. 应变力强,适应面广

餐饮业的兴盛,早已成为市场繁荣的象征,而都市的繁荣与都市人口及其不同层次的消费能力有密切关系。以北宋汴京为例,当时72户"正店"酒楼最著名的就有樊楼、杨楼、潘楼、八仙楼、会仙楼等,这些"正店"楼角凌霄,气势不凡,属于消费档次较高的综合性饮食场所。也是王府公侯、达官显贵的出入之地;而被称为"脚店"的中小型食店,多具有专卖性质,如王楼包子、曹婆婆肉饼、段家爊物、梅家鹅鸭等等,各展绝技,因有盛名,成为平民百姓乐于光顾的地方。至于出没夜市庙会的食摊、沿街串巷叫卖的食商,更是不可胜计。这样的饮食市场具有明显能适应不同层次、不同嗜好之饮食消费的特点。

积极的饮食服务手段也构成了市肆风味适应面广的一个因素,这在《东京梦华录》中多有反映。汴京的酒楼食店,总是从各方面满足食客的饮食之需,可谓用心良苦,"每店各有厅院东西廊,称呼坐次。客坐,则一人执箸纸,遍问坐客。都人侈纵,百端呼索,或热或冷,或温或整,或绝冷、精浇、膘浇之类,人人所唤不同。行菜得之,近局次立,从头唱念,报与局内。当局者谓之'铛头',又曰'着案'讫,须臾,行菜者左手杈三碗,右臂自手至肩叠约二十碗,散下尽合人呼喉,不容差错。一有差错,坐客白发主人,必加叱骂,或罚工价,甚者逐之"(卷四)。这样的服务程序不仅满足了食客的需求,也赢得了食客观赏这种表演性服务方式的心态。

市肆菜点与服务,都可以应时而变、应需而变。都邑酒店饭铺,并非仅供行旅商贾或游宦、游学者的不时之需,更多的是满足都邑居民的饮食需求,"市井经纪之家,往往只于市店旋买饮食,不置家蔬"(《梦粱录》)。而"筵会假赁"的服务项目,在汴京多由大酒楼承办,包括"椅桌陈设器皿合盘,酒担动使之类","托盘下请书,安排坐次,尊前执事,歌说劝酒"(同上),至于肴馔烹调,更不在话下。后来临安"四司六局"中的"四司"作为专为府第斋舍上门服务的机构,则是市肆饮食应需而变在服务方面的具体体现。市肆菜发展到今天,已经演变成为以当地风味为主、兼有外地风味的菜肴。而像北京、上海、广州、成都等地,几乎可以品尝到全国各地的风味菜点,这正是市肆菜应需而变的必然结果。

 同步练习

1. 什么是宫廷风味?它经历了怎样的历代沿革?
2. 宫廷风味的主要特点是什么?
3. 什么是孔府菜?它具有哪些特点?试举出其中三款代表菜。

4. 官府风味的基本特色怎样？

5. 寺院风味是怎样形成的？它的烹饪特色如何？

6. 什么是市肆菜？它是怎么发展起来的？在发展过程中，它形成了哪些特点？

第三章 中国古代烹饪文献

第一节 中国古代烹饪文献总述

中国古代烹饪文献,是中国烹饪历史发展历程中重要的文化积淀,是中国烹饪文化的重要组成部分。中国古代烹饪文献主要是指专门记载和论述饮食烹饪之事的著作,如食经、茶经、酒谱之类,这类书籍,存目者过千,传今者百余。

早在商周时期,中国最早的诗歌总集《诗经》中有不少诗句反映当时黄河中下游的人们饮食习俗和饮食文化。周公旦所著的早期礼制全书《周礼》,对周代初期的官制进行全面描述。据该书记载,为王室服务的天官冢宰中,与制作和供奉饮食有关的人员就达2 332人,分为22种官职,并且书中还出现了"六食"、"六饮"、"六膳"、"百馐"、"百酱"、"八珍"等饮食的名称。稍后的《礼记》在其《月令》、《礼运》、《内则》等中又有许多有关当时黄河中下游地区饮食文化的记叙,其中提到周代"八珍"及周代的风味小吃饵(点心),成为中国有关方面的最早记录。与黄河中下游地区饮食文化相对应,人们也开始研究和记录长江中下游的饮食文化,如屈原及其弟子的作品总集——《楚辞》中,就有许多作品是歌颂当时楚国的酒与食品,特别是《招魂》中提到许多食品和饮料名称,被誉为中国最古的菜谱。在战国末期又出现了专门的烹饪著作——《吕氏春秋·本味篇》,篇中记叙了商汤以厨技重用伊尹的故事及伊尹说汤的烹饪要诀:"凡味之本,水最为始。五味三材,九沸九变,火为之纪。时疾时徐,灭腥去臊除膻,必以其胜,无失其理。调和之事,必以甘酸辛咸,先后多少,其齐甚微,皆有自起。鼎中之变,精妙微机,口弗能言,志弗能喻,若射御之微,阴阳之化,四时之数。"该烹调理论成为中国以后几千年饮食烹调的理论依据。

到了春秋战国时期,百家争鸣,著书立说,往往借助于烹饪之术、饮食之道,阐明自己的政治主张、哲学思想和道德观念,如老子说的"治大国若烹小鲜",是以烹制鱼肴之述而喻治国之道;他的"恬淡为上,胜而不美",又是其"以柔克刚"哲学思想的形象比喻;孔子说的"席弗端勿坐"、"割不正不食",是暗喻以"礼"修身正行的伦理观;孟子的"口之于味有同嗜焉",则是提出了关于人类共性问题的思考。如此等等,说明春秋战国时期各家学派在论述自己的思想观点时,对烹饪饮食现象也都有不同程度的理性思考,只是这种思考并不是系统的,而是零散的。

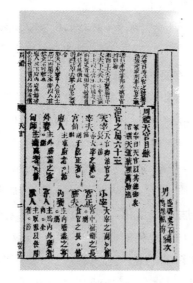 

图3-1 《周礼》、《仪礼》、《礼记》"三礼"乾隆戊午合订本

秦汉时期,有关烹饪方面的文献有所增加,这与其时社会稳定、经济发展分不开。许多辞赋中都大量记叙当时的饮食物品,如司马相如的《上林赋》、枚乘的《七发》、杨雄的《蜀都赋》等。在王褒的《僮约》、史游的《急就篇》及一些字典(杨雄的《方言》、许慎的《说文解字》、刘熙的《释名》)中也提及了当时的饮食文化内容。其中王褒的《僮约》中有"烹荼"、"买荼"的文字,是"荼"发展为"茶"字的最早由来。并且出现了研究食疗的专著,主要有《黄帝内经》、《神农本草经》和《山海经》等,为以后食疗理论的形成奠定了基础。

至魏晋南北朝时,中国饮食文化研究开始走上繁荣时期,食品制作、烹调和食疗方面的著述成批涌现,出现前所未有的好势头。关于饮食和烹调的书有:《崔氏食经》四卷、《食经》十四卷、《食馔次第法》一卷、《四时御食经》一卷、《马琬食经》三卷、《会稽郡造海味法》一卷,均已亡佚。关于食品制作的著述有《家政方》十二卷、《食法杂酒要方、白酒并作物法》十二卷、《食图》一卷、《四时酒要方》

一卷、《白酒方》一卷、《酒并饮食方》一卷、《馐及铛蟹方》一卷、《七日面酒法》一卷、《杂酒食要方》一卷、《杂藏酿法》一卷、《北方生酱法》一卷,均已佚失。关于食疗的著述有《膳馐养疗》二十卷、《论服饵》一卷、《神仙服食经》十卷、《抱朴子·神仙服食神秘方》二卷、《神仙服食药方》十卷、《术叔卿服食杂方》一卷、《服饵方》三卷、《老子禁食经》一卷、《黄帝杂饮食忌》二卷、《太官食经》五卷、《太官食法》二十卷,除《抱朴子·神仙服食药方》以外,已全部佚失,作者无考。此外还有西晋何曾的《食疏》、嵇康的《养生篇》、虞悰的《食珍录》等,亦佚失。这一时期现存的有关饮食的著述主要有《临海水土异物志》、《广雅》、《博物志》、《抱朴子》、《崔浩食经》(序)、《本草经集注》、《齐民要术》、《荆楚岁时记》。

到隋唐时期,中国再次走向统一,封建社会开始进入顶峰,国家达到空前强盛,相应地同外界的文化交流也进一步加强,人们开始注重风物、饮食、医疗保健、娱乐等方面的研究。隋代因其短命,现存饮食方面的研究成果只有谢讽所撰的《谢讽食经》,并且只记录了53种菜肴的名称。盛唐和宋代时期随着社会的相对稳定,国富民强的社会环境的熏陶,人们追求安逸和享乐,追求口腹之欲,从而使饮食文化研究出现高潮,饮食文化的著述也就不断涌现。烹饪和食物加工的书籍现存的主要有《韦巨源食谱》,其可能是唐代韦巨源献给皇帝的"烧尾宴"的菜单,其中罗列了58种菜名,并附有简单的说明。另外就是《膳夫经手录》,这是唐代杨晔传撰的烹饪书,介绍了26种食品的产地、性味和食用方法。食疗保健方面的著述有孙思邈的《千金翼方》和《备急千金要方》、孟诜的《食疗本草》、陈藏品的《本草拾遗》、昝殷的《食医心鉴》。其中比较有影响的是《千金翼方》和《食疗本草》。

唐代在研究饮食文化上出现了两种新趋势:一是开始总结前代的成果。如欧阳询等人奉敕撰写的《艺文类聚》中就开始总结唐代以前的饮食文化的宝贵资料,其中"礼"、"文"、"百谷"、"果"、"鸟"、"兽"、"鳞"、"介"等部都涉及饮食的内容。"食物"部的食、饼、肉、脯酱、酢、酪苏、米、酒等项中,还有对前代的总结性研究。与此同时,由于盛唐疆域广大,人口流动较前代频繁,人们对各处风土研究的兴趣也大为增强,写出了许多涉及各地饮食风俗的志书,如段成式的《酉阳杂俎》、段公路的《北户录》、刘恂的《岭表录异》等。二是茶文化研究被列入议事日程。由于唐代开始,在佛教的影响下,中国饮茶之风大盛,出现茶文化热,涌现出大量的专家和典籍。其中以陆羽的《茶经》最为有名。另外,还有张又新的《煎茶水记》和苏翼的《十六汤》皆为对煎茶水源、水的冷热程度的专门研究。此外,《膳夫经手录》也概述了饮茶的历史及各地的名茶。

宋代以后,尽管其版图较唐代大为缩小,但由于北方少数民族不断深入中原和南方泉州、广州等地,海外贸易发展引来世界各国商人,这一方面促进各地之间的饮食文化交流;另一方面,对其饮食业的发展又不断提出新的要求,使其饮食文化十分繁荣,并逐渐形成了几个地区性的饮食文化中心,相应地其研究活动也是如火如荼。有关饮食文化的杂文集主要有陶谷的《清异录》、李昉等人的《太平广记》、沈括的《梦溪笔谈》、孟元老的《东京梦华录》、吴曾的《能改斋漫录》、陆梁的《老学庵笔记》、吴自牧的《梦粱录》、周密的《武林旧事》、陈公靓的《事林广记》等,它们多为饮食民俗、名肴、历史故事、诗文典故、名物制度的考证等,其中以《清异录》和《东京梦华录》最为突出。有关饮食加工和烹调的著述主要有:蔡襄的《荔枝谱》、朱翼中的《北山酒经》、浦江吴氏的《中馈录》、王灼的《糖霜谱》、韩彦直的《橘录》、陈仁玉的《菌谱》、林洪的《山家清供》,多为专类食品的研究,同时也反映了随宋廷中心的变迁,引起的饮食结构与内容的变化。其中以《北山酒经》和《山家清供》影响较大。宋代,由于饮茶之风在中国更为普遍,饮茶成为社会各阶层共有的雅趣,上至皇帝,下至百姓无不乐于此道,当时有关茶道的书籍有蔡襄的《茶录》、熊蕃的《宣和北苑贡茶录》、赵汝砺的《北苑别录》,甚至还有宋徽宗赵佶所作的《大观茶论》。这一时期有关食疗的书籍主要有王怀隐的《太平圣惠方》、陈直的《养老奉亲书》、宋诸医官撰的《圣济总录》等。其中《圣济总录》影响较为突出。

到元明清时,中国再次出现大一统的局面,饮食文化发展更加成熟。再加上政治上封建王朝逐渐达到最黑暗的时代,许多文人为逃避现实,乐于从事饮食——闲事或雅事或善事的研究,从而有关著述便层出不穷,达到空前高涨时期。有关烹调与食品加工的著述有作者佚名的《居家必用事类全集》、作者佚名的《馔史》、明代刘基的《多能鄙事》、韩奕的《易牙遗意》、钱椿年的《制茶新谱》、邝璠的《便民图纂》、宋诩的《宋氏尊生》、田艺术的《煮泉小品》、许次纾的《茶疏》、王象晋的《群芳谱》、宋应星的《天工开物》、戴羲的《养余月令》,清代李渔的《闲情偶寄》、顾仲的《养小录》、朱彝尊和王士祯的《食宪鸿秘》、汪浩等的《广群芳谱》、李化楠的《醒园录》、袁枚的《随园食单》、汪日桢的《湖雅》、曾懿的《中馈录》等。其中以《居家必用事类全集》、《随园食单》最为有名。

此外,还有研究地方性饮食的倪瓒的《云林堂饮食制度集》(元代无锡地区)、童岳荐的《调鼎集》(清代扬州菜)。出现以救荒为目的的野菜谱,其中比较有名的有明周定王朱橚的《救荒本草》、王磐的《野菜谱》、姚可成的《救荒野谱》。

这一时期食疗养生的书籍有元代忽思慧的《饮膳正要》、贾铭的《饮食须知》,明代李时珍的《本草纲目》、高濂的《尊生八笺》、姚可成的《食物本草》,清代曹廷栋的《老老恒言》、王士雄的《随息居饮食谱》,并出现专门研究药粥的《粥谱》和《广粥谱》(清黄云鹄著)。其中著名的有《饮膳正要》、《食物本草》和《粥谱》。

这一时期著名的与饮食文化有关的杂文有元代陆友仁的《砚北杂志》、费著的《岁华纪丽谱》,明代周家胄的《香乘》、谈迁的《枣林杂俎》、张岱的《陶庵梦忆》、文震亨的《长物志》、张潮的《虞初新志》,清代周亮工的《闽小记》、梁章钜的《归田琐记》、潘荣陛的《帝京岁时纪胜》、李斗的《扬州画舫录》、富察敦崇的《燕京岁时记》等。在清末的宣统元年,中国出现了西餐烹饪书《造洋饭书》,书中分二十五章,介绍了西餐的配料及烹调方法,卷末附有英语、汉语对照表。

进入中华民国后,由于社会动荡、战乱不休,饮食文化研究也就进入"文化荒漠"时代,有关饮食文化的著作仅有《素食说略》等寥寥数本。《素食说略》为薛宝成所撰烹饪书,书中介绍了流行于清末的170余种素食的制作方法,但书中内容仅限于陕西、北京两地日常食用的素食。

第二节 中国烹饪古籍举要

一、《吕氏春秋·本味篇》

吕不韦(？—前235年),战国末年卫国濮阳(今河南濮阳南)人。先为阳翟(今河南禹县)大商人,后被秦襄公任为秦相。秦王政幼年即位,继任相国,号为"仲父",掌秦国实权。秦王政亲理政务后,被免职,贬迁蜀郡,忧惧自杀。吕不韦掌权时,有门客三千、家童万人。他曾组织门客编纂《吕氏春秋》26卷,共160篇,为先秦时杂家代表作。内容以儒道思想为主,兼及名、法、墨、农及阴阳家言,汇合先秦各派学说,为当时秦统一天下、治理国家提供了理论依据。《本味篇》为《吕氏春秋》第14卷,记载了伊尹以"至味"说汤的故事。它的本义是说任用贤才,推行仁义之道可得天下成天子,享用人间所有美味佳肴。在阐述天下至味的过程中,《本味篇》塑造了伊尹这个庖人出身的"鼎鼐之才"的政治家形象,记载了当时的美味佳肴和各地特产,论述了关于刀工、火候、调味的烹饪工艺理论,形成了一份名目繁多的食单,是研究我国古代烹饪的重要史料文献之一。

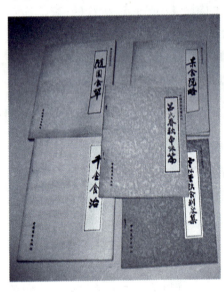

图3-2 中国商业出版社出版的部分烹饪古籍丛书

二、《齐民要术》

作者为北魏贾思勰,作者曾做过高阳郡(即今山东境内)太守。该书共九十二篇,分十卷。其中八、九两卷保存了大量珍贵的烹饪史料,诸如历经乱世而亡佚的长达130卷的巨著《淮南王食经》等均为《齐民要术》所引而得以部分保存。书中所收菜肴,似乎以黄河下游地区为主,如产于黄河的鲤鱼、鲂鱼在书中被提到的次数特别多,又如所提到的牛、羊肉的吃法也是北方的习惯。书中涉及的烹饪方法多种多样,达三十种之多,收录菜肴丰富多彩,仅荤菜一类品种达百余之多。从饮食文化的角度看,该书是资料珍贵、影响巨大的烹饪文献。

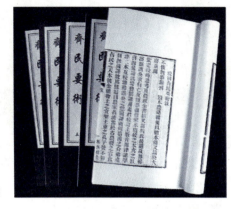

图3-3 中国书店出版的《齐民要术》

三、《备急千金要方·食治》

作者为唐代人孙思邈,华原(今陕西耀县)人。通百家说,善言老庄,医学渊博。唐高宗时,受召拜谏议大夫。后称疾还居太白山,永淳元年卒。《备急千金要方·食治》又名《千金食治》,共30卷,"食治"部分载于第26卷,分序论、果实、谷米、菜蔬、鸟兽五部分,序论阐述食疗理论,其他四个部分对100多种动植物食物原料的性味、食疗作用进行了分析,是研究古代食疗理论与方法的重要资料。

四、《茶经》

作者唐朝陆羽,字鸿渐,自号桑苎翁,又号竟陵子,生于唐玄宗开元年间,复州竟陵郡(今湖北天门县)人。曾为伶者,工诗,嗜茶。上元初,隐居于湖州(今浙江湖州)苕溪,经过一年多的努力,写成了我国也是世界上第一部综合性茶学专著。《茶经》共10章,七千余

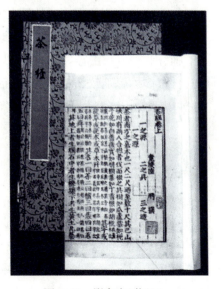

图3-4 影印本《茶经》

言,分上、中、下 3 卷,共 10 章,分别阐述了茶叶的生产源起,茶的性状、品质,采茶工具,茶叶加工,饮茶器具、方法,茶叶产地,茶叶史事等。《茶经》问世,影响甚为深广,民间和官方都很重视,历代一再刊行,宋代就有数种刻本。此书早已流传国外,尤其是日本,十分重视对陆羽的研究。目前,《茶经》已被译成日、英、俄等国文字,传布于世界各地。

五、《北山酒经》

作者为宋人朱肱,字翼中,自号大隐翁。乌程(浙江吴兴)人,元祐三年进士,官至奉议郎直秘阁,后归隐杭州大隐坊,研究酿酒与医学,政和四年,被朝廷起用为医学博士。后因书东坡诗而被贬达州。《北山酒经》写于达州,在"酒经"前冠以"北山"二字,意在不忘归隐西湖。全书共三卷,首卷为总论,论述我国酿酒技术的发展情况;中卷谈制曲,叙述了各种酒曲的制法,有香泉曲、香桂曲、金波曲、豆花曲、小酒曲、莲子曲等;末卷论酿酒,论述了白羊酒、地黄酒、菊花酒、葡萄酒、煨酒、琼液酒等诸酒的酿制方法。《北山酒经》是我国较早的酒学专著,该书著叙翔实,与窦苹《酒谱》相比,该书更具实用价值。

六、《山家清供》

作者为宋人林洪,字龙落,号可山人。以杜甫《从驿次草堂复至东屯茅屋诗》中"山家蒸栗暖,野饭射麋新"定书名为《山家清供》,意即山居家庭待客用的清淡饮馔,从而也已点明此书所述饮馔的特点。全书分上、下 2 卷,共记一百余款菜点、饮品的制法,内容丰富。所述以素食为主,亦有少量荤菜,品种如饭、羹、汤、饼、粥、糕、脯、肉、鸡、鱼、蟹等,其中有不少是用中草药加工配制的食疗饮馔。该书所录菜点,有很多构思别致、取名典雅的品种。每介绍一菜一点,往往要叙述其典故由来,并加以评议。该书对研究我国宋代以前的烹饪饮食文化具有重要的史料价值。

七、《饮膳正要》

作者为元人忽思慧,蒙古族人,元延祐年间被选为宫廷太医。他根据其管理宫廷饮膳工作十余年经验,结合他所掌握的中医方面的广博知识,在赵国公常普奚领导下编著了这部民族烹饪技艺的名著。《饮膳正要》全书共分 3 卷,第 1 卷分"三皇圣纪"、"养生避忌"、"妊娠食忌"、"乳母食忌"、"饮酒避忌"、"聚珍异馔"六部分,其中"聚珍异馔"收录回、蒙等民族及印度等国菜点 94 款;第 2 卷分"诸般汤煎"、"诸水"、"神仙服食"、"四时报宜"、"五味偏走"、"食疗诸病"、"服药食忌"、"食物利害"、"食物相反"、"食物中毒"、"禽兽变异"等11部分,其中"食疗诸病"中收录食疗药方61种;第3卷分"米谷品"、"兽品"、"禽品"、"鱼品"、"果品"、"菜品"、"料物性味"7部分,其中"料物性味"收录调味料28种。综观全书,除阐述各种饮馔的烹调方法外,更为注重阐述各种饮馔的性味和补益作用,即注重饮食与营养卫生的关系。另一方面,此书是蒙、汉饮馔兼收并蓄,而以蒙古族饮馔为主体的食谱。所述馔品的用料,兽类以羊、牛居先,次及马、驼、鹿、猪、虎、豹、狐、狼等;而"奇珍异馔"中,以羊肉为主料者达70%之多。作者从蒙古族的角度研究饮食烹饪,大量吸收汉族人历代宫廷医食同源的经验,结合蒙古人的饮食习惯,来制定肴馔法度,这使此书别出心裁。元文宗皇帝图帖睦尔对此书很看重,他姬妾成群,贪于酒色,这部书自然可满足其医补身体之需要。无论是从内容或表达形式来看,它都是蒙汉两族文化合于一体的文献。

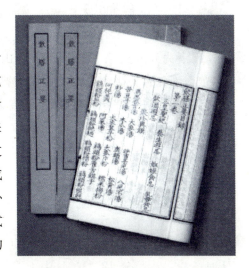

图3-5 影印本《饮膳正要》

八、《云林堂饮食制度集》

作者为倪瓒(1301—1374年),字元镇,号云林、幻霞子、荆蛮民等,无锡人。元代著名画家,擅画山水,亦工书法,与黄公望、吴镇、王蒙并称"元四家"。家资富足,四方名士日趋其门。元末,将家产尽散新朋旧戚,独乘一叶小舟,"往来于震泽、三泖间",过着隐士的生活。《云林堂饮食制度集》是反映元代无锡地方饮食风格的一部烹饪专著,其中汇集的菜肴、饮品及其制法约50种,其中水产类菜品所占比重较大,这与作者所居之地依太湖、滨长江有关。所记菜肴,皆以菜品命题,工艺制作精细,吃法上也颇具特色,如蛤蜊,而今除沿海地区外,一般很少有人生吃了,但该书中的"新法蛤蜊",却是生吃的。这也反映了元代无锡生吃海味的风气较为流行。此外,书中还载述了茶、酒、酱油等制法,具有较高的史料价值和研究价值。

九、《居家必用事类全集》

此书问世于元代,作者无考。是一部家庭日用手册类书。全书10集,其中

《庚集》为"饮食类",《巳集》为蔬食、藏腌品。分别介绍了以汉族为主的菜点烹调法,也有当时回族、女真族的菜点烹调法。所载菜肴制作精美,其中保留了不少的宋代肴馔的制法,如"鹅兜子"、"金山寺豆豉"等的制法,即使在一些重要的宋代烹饪文献中也没有明确记载。正因如此,该书在烹饪史上有着较大的影响,许多饮馔品被明清时期的一些通书、农书、烹饪书大量转录。

十、《饮食须知》

作者为元人贾铭,字文鼎,号华山老人,海昌(浙江海宁)人,相传寿长106岁,曾以通饮食养生之道而受明太祖召见。《饮食须知》共8卷,第1卷为水、火;第2卷为谷类;第3卷为菜类;第4卷为果类;第5卷为味类;第6卷为鱼类;第7卷为禽类;第8卷为兽类。重点介绍了360多种食物相反相忌、性味及饮食方法。类似于今天的饮食卫生类著作,有一定的参考和研究价值。

十一、《易牙遗意》

作者韩奕,字公望,号蒙斋,平江(今江苏吴县)人,好游山水,博学工诗。《易牙遗意》共2卷,分12类。其中上卷分"酿造类"、"脯鲊类"、"蔬菜类";下卷分"笼造类"、"炉灶类"、"糕饵类"、"汤饼类"、"斋食类"、"果实类"、"诸汤类"、"诸茶类"、"食药类"。共记载了150多种调料、饮料、糕饵、面点、菜肴、蜜饯、食药的制法,内容相当丰富。所收菜肴制作精细,注重色彩,重视用汤。颇近似今天苏州菜的一些特点。很多肴馔的载录有着不可低估的史料研究价值,如书中提到的"火肉"(即今之火腿),是此书问世前的烹饪文献中的空白,足见这一史料的格外珍贵。

十二、《宋氏养生部》

作者为明代人宋诩,字久夫,江南华亭(今上海松江县)人。他在该书序言中说:"余家世居松江,偏于海隅,习知松江之味,而未知天下之味为何味也。"其母自幼"久处京师"(即今北京),学到了许多京菜的做法。宋诩得到母亲传授,编成该书。全书共6卷,第1卷为茶制、酒制、醋制;第2卷为面食制、粉食制、蓼花制、白糖制、蜜饯制、糖剂制、汤水制;第3、第4卷为兽属制、禽属制、鳞属制、虫属制;第5卷为菜果制、美藏制;第6卷为杂选制、食药制、收藏制、宜禁制。全书收录了1 000余则菜点制法及食品加工贮藏法,内容很丰富,如仅"面食制"一项,就收了鹅面、虾面、鸡子面、槐叶面、山药面、馄饨、包子、蒸卷、千层饼、芝麻饼等40余品种。所收菜肴,按原料分七大类,然后按烹饪方法分条,条理清晰,这是该书的一大特色。所收菜肴,以北京和江南的为主,亦兼及其他省份,史料研究价值较高。

十三、《本草纲目》

作者为明代李时珍,字东璧,号濒湖,蕲州人。该书共52卷,是作者在继承和总结明代以前本草学成就的基础上,结合本人长期采药实践及向农民、渔民、樵民、药农学习所得知识,并参考历代医药书八百余种,历数10余年编就的一部药物学巨著。《本草纲目》与烹饪食疗关系甚密,其中的谷部、果部、鳞部、菜部、介部、禽部、兽部中所收录的大量药物本身就是食物原料;除动植物原料外,该书还直接收入许多种食品,作为药物来治病,如"谷部"收录了大豆豉、粥、粽、饴糖、酱、醋等等。由于李时珍旁征博引,所以该书得以保存的有关资料丰富而珍贵,为今人探讨食品加工的历史提供了方便。从另一个角度看,该书也是一部伟大的食疗著作,饮食烹饪工作者不可低估其科学价值。

图3-6 影印本《本草纲目》

十四、《食宪鸿秘》

作者为清代朱彝尊,字锡鬯,秀水(今浙江嘉兴)人,康熙十八年(1679年)举博学鸿词,授翰林检讨。其诗、词均负盛名,有《曝书亭集》等著作。《食宪鸿秘》分上、下卷,上卷分"食宪鸿论"、"饮食宜忌"、"饮之属"、"饭之属"、"粉之属"、"煮粥"、"饵之属"、"馅料"、"酱之属"、"蔬之属";下卷分"餐芳谱"、"果之属"、"鱼之属"、"蟹"、"禽之属"、"卵之属"、"肉之属"、"香之属"、"种植"以及附录《汪拂云抄本》等。共收录了400多种调料、饮料、果品、花卉、菜肴、面点,内容相当丰富。所收菜肴以浙江风味为主,兼及北京及其他风味。其中收有金华火腿的制法及近十种吃法,如"东坡腿"、"熟火腿"、"辣拌法"、"糟火腿"等,较有参考价值。其他品种,如浙江的笋馔,水产品制作的菜肴特点也很显著。至于北方的乳制品、面点等特色也很明显。该书所收肴馔制法比较简明,实用性强。如"响面筋"、

"笋豆"、"鱼饼"、"鲫鱼羹"、"素肉丸"等,均易懂易学。

十五、《调鼎集》

《调鼎集》是清代一部饮食专著。原书是手抄本,现藏北京图书馆善本部,究竟最后成书者何时何人,待考。该书内容相当丰富,共分10卷。第1卷为油盐酱醋与调料类,其中尤其以各种酱、酱油、醋的酿制法以及提清老汁的方法,叙述详备;第2卷较杂,主要为宴席类,尤其以铺设戏席、进馔款式及全猪席等资料比较珍贵;第3卷为特性、杂性类菜谱;第4卷为禽蛋类菜谱;第5卷为水产类菜谱;第6卷与第2卷相似,内容比较杂乱,写法较简,如同随手摘录的零碎资料而尚未成书(其中"西人面食"一节,记载了我国西北地区的种种面食,这对于研究我国西北地区的饮食发展有着重要的史料价值);第7卷为蔬菜类菜谱;第8卷为茶酒类和饭粥类;第9卷前半卷为面点类,后半卷和第10卷全卷,为糖卤及干鲜果类,写法亦很详细。该书收录菜点的范围很广,除江浙地区扬州、南京、苏州、杭州、绍兴等地菜点外,还收有安徽、广东、河南、陕西、东北等地的菜肴。如扬州的文思豆腐、葵花占肉、焦鸡、籽面,南京的三煨鸭,苏州的熏鱼子,镇江的空心肉圆,安徽的徽州肉圆,杭州的醋搂虾、家乡肉,嘉兴的豆腐,金华的火腿,绍兴的汤,西北的烧剥皮羊肉,河南的烧黄河鲤鱼,东北的关东烧鸡,广东的鱼子饼等。书中还有一些烹饪理论方面的内容,但比较零碎,无甚新意。

图3-7 中国纺织出版社出版的《调鼎集》

十六、《随园食单》

作者是清代乾隆时著名诗人、文学家袁枚,字子才,号简斋、随园老人,钱塘(浙江杭州)人。他同时也是一位美食家,有着丰富的烹饪经验。他根据自己的饮食实践,结合了古代烹饪文献和听到的厨师关于烹饪技术的谈论,将有关烹饪的丰富经验系统地加以总结,形成烹饪学理论著作《随园食单》。该书是我国烹饪史上系统地论述烹饪技术和南北菜点的重要著作。全书分为须知单、戒单、海鲜单、江鲜单、特牲单、杂牲单、羽族单、水族有鳞单、水族无鳞单、杂素单、小菜单、点心单、饭粥单和菜酒单 14 个方面。在"须知单"中提出了全面、严格的 20 个操作要求,在"戒单"中则提出了 14 个注意事项。书中所列的 326 种菜肴和点心,自山珍海味到小菜粥饭,品种繁多,其中除作者常居的江南地方风味菜肴外,也有山东、安徽、广东等地方风味食品。该书总结前代和当时厨师的烹调经验,使之上升到理论高度,这在当时的历史条件下很不简单,值得今人研究与继承。

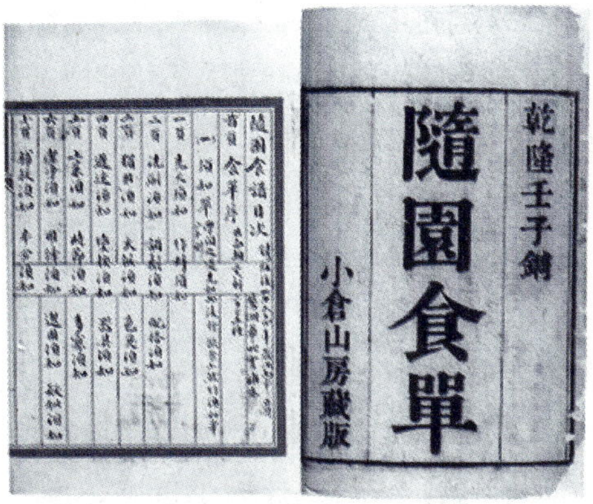

图 3-8 小仓山房藏版《随园食单》

十七、《醒园录》

作者为清代四川名士李化楠宦游江浙时搜集的饮食资料手稿,由其子李调元整理编纂而刊印成书。全书分上、下卷,收录 100 多种关于调味品、烹饪、酿酒、糕点小吃、食品加工、饮料、食品保藏等方法,内容翔实,记载详细。诸如炮制熊掌、鹿筋、燕窝、鱼翅、鲍鱼等山珍海味之法,加工火腿、酱肉、板鸭、风鸡等法,亦无不涉猎。书中所收菜点,以江南风味为主,亦有四川当地风味和北方风味,所载菜肴制法简明,尤以山珍海味类和面点类有特色。

十八、《素食说略》

作者为清宣统年间翰林院侍读学士、咸安宫总裁、文渊阁校理薛宝辰,陕西长安县杜曲寺坡人。该书除自序、例言外,按类别分为 4 卷,共记载了清末较为流行的 170 余种素菜烹饪方法,虽然作者在"例言"中说:"所言做菜之法,不外陕西、京师旧法",但较之《齐民要术·素食》、《本心斋蔬食谱》、《山家清供》等古代素食论著,内容丰富而多样,制法考究而易行,特别是所编菜点俱为人们日常所闻所见,这就使它具有一定的群众性。由于作者信佛,故其书"自序"和"例言"中在讲述素食有益于人体的同时,又突出宣扬了"生机贵养,杀戒宜除"的佛教观点,这也是该书一大特点。

  同步练习

1.《楚辞》中有一首诗提到许多食品和饮料名称,被誉为中国最古的菜谱,这首诗的标题是什么?

2. 在战国末期出现了专门的烹饪文章,篇中记叙了商汤以厨技重用伊尹的故事及伊尹说汤的烹饪要诀,这篇烹饪文章的标题是什么?出自哪部经典中?

3.《齐民要术》一书成于何时?出自谁手?

4. 我国也是世界上第一部综合性茶学专著是什么?

5.《北山酒经》是我国较早的酒学专著,它成于何时?出自谁手?

6.《饮膳正要》成于何时?出自谁手?其史料价值和研究价值如何?

7. 元代著名画家倪瓒写了一部反映元代无锡地方饮食风格的一部烹饪专著,这部书的名字是什么?

8.《饮食须知》一书成于何时?出自谁手?

9.《调鼎集》一书成于何时?出自谁手?

10.《随园食单·须知单》中提出了全面、严格的操作要求有多少个?

11. 四川名士李化楠宦游江浙时搜集的饮食资料手稿,后由其子李调元整理编纂而刊印成书,此书的名字是什么?

第四章 中国烹饪饮食思想

中国饮食文化的精华是饮食思想与哲理。先秦诸子百家对中国人饮食思想与哲理的形成,都产生过深刻的影响。先秦以来,历代政治家、思想家、哲学家、医学家、艺术家多深谙烹饪之道,以饮食烹饪之事而论修、齐、治、平,成为一种传统。这种传统使中国烹饪超越了做饭做菜的局限,升华到一种思想、哲理的境界。各家饮食之论,角度各一,阴阳家和医家讲阴阳平衡、四气五味;法家讲饮食去豪奢,崇节俭;墨子讲饮食"节用"、"非乐";儒家讲饮食要精、细;道家讲饮食要体现朴素和自然,并合于养生;杂家讲通过烹饪调和以求"至味";佛教讲饮食尚素,戒杀生,行素食……如此等等,对于中国人在饮食烹饪文化上的共同心理素质,其影响不能低估。先哲的饮食思想与哲理,集中反映在五个方面:饮食与自然、饮食与社会、饮食与健康、饮食与烹调、饮食与艺术。

第一节 饮食与自然

先哲从各自的角度深悟饮食与自然的关系,不仅如此,他们还立言达义,主要观点有:"医食相通"、"阴之所生,本在五味;阴之五宫,伤在五味"(见《黄帝内经》),"口之于味,有同嗜焉"(见《孟子》),"物无定味,适口者珍"(宋人苏易简语),"饮食四方异宜"(宋人欧阳修语),等等。

一、《黄帝内经》:"医食相通"

许多古籍都论述了这个思想,这一思想观念,深深地影响着中国烹饪文化的发展过程。中国古代医学就源于饮食,神话传说中神农氏不仅是教民稼穑以获食源的谷神,而且还是医药的发明者。在神话中,人们还想象出一些能够吃的东西具备某种药性,这就是后人所谓的"医食相通",《山海经》对此就多有记载。而中国独特的饮食传统与制度的生成,与"医食相通"的观念就有直接关系。医家治病常用食方,烹饪师烧菜配料也是根据原料的功能来的,这与许多原料自身具有药用价值的规律有很大关系,如韭菜具有壮阳之效,番茄具有醒胃之功。历代宫廷也从制度上将管理医和食的机构放在一起,使医和食共同为除病延年、养生健身服务。

图4-1 中国的"医食同源"思想,是中国饮食科学的重要内容之一

医食相通的制度,从周代已经开始。专司宫廷饮食和治病的机构,统属于天官冢宰。管理饮食的机构统称膳夫,其下又设有庖人、内饔、外饔等机构,再下又设有亨人等职,还设有才智很高的称为"胥"的什长和供胥使役的一大批"徒"。而管理治疗疾病的官称为医师,下设食医、疾医、疡医等,其中的食医所做的就像现在的营养师调配各类原料的营养一样,但他与营养师不同的是,食医不仅注重食物的营养,而且还得根据食物的药性、不同的季节给周天子搭配不同的食物。战国时期,全国阐述中医理论的《黄帝内经》的出现,使医食相通的思想系统化、理论化了,其中提到的"五谷为养,五果为助,五畜为益,五菜为充,气味合而服之,以补精益气",是把中国人的饮食结构与医食相通理论有机结合起来的最好诠释。历代帝王为追求长寿,这种制度也就一直沿袭到元代。元代饮膳太医忽思慧所著《饮膳正要》,正是宫廷医食相通的产物。

医食相通的传统和制度,从现代医学的角度看,实际上就是将现代医学和食养紧密地结合起来。我国当代的预防医学、康复医学的治疗原理和手段,其渊源就是来自我国古代医食相通理论的。

二、欧阳修:"饮食四方异宜"

北宋大文豪欧阳修在他的笔记《归田录·卷二》中说:"饮食四方异宜,而名号亦随时俗言语不同。"这句话道出了饮食文化与环境习俗的密切关系。

中国地大物博,幅员辽阔。由于自然环境各不相同,居住在东南西北各地的人,其生理、体质、习俗皆有差异。这种差异导致饮食嗜好的不同。从先秦开始,这种差异就已引起中国人的注意。《黄帝内经·素问·异法方宜论》早就提出:"东方之域,天地之所始生也。鱼盐之地,海滨傍水。其民食鱼而嗜咸,皆安其处,美其食。鱼者使人热中……其病皆痈、疡。""西方者,金玉之域,沙石之处,天地之所收引也。其民陵居而多风,水土刚强,其民不衣而褐荐,其民华食而脂肥,故邪不能伤其体,其病生于内。""北方者,天地所闭藏之域也。其地高陵居,风寒冰冽。其民乐野处而乳食。藏寒,生满病。""南方者,天地所长养,阳之所盛处也,其地下,水土弱,雾露之所聚也。其民嗜酸而食腐。""中央者,其地平以湿,天地所以生万物也众。其民食杂而不劳,故其病多痿、厥、寒热。"可见,由于所处的地域不同,其地理环境、天时气候、饮食嗜好不同,人们所患的疾病也就不同。

图4-2 民间食风

从历史发展看,一个地区居民的饮食,首先是由物产决定的。晋人张华在《博物志》中说:"东南之人食水产,西北之人食陆畜。食水产者,龟蛤螺蚌以为珍味,不觉其腥也。食陆畜者,狸兔鼠雀以为珍味,不觉其膻也。"这表明,一个地区的饮食习惯和审美意识是受地理条件和经济状况制约的。嵇康在《养生论》中说:"关中土地,俗好俭啬,厨膳肴馐,不过菹酱而已,其人少病而寿;江南岭表,其处饶足,海陆鲑肴,无所不备,土俗多病而人早夭。"清人钱泳在《履园丛话》记载"同一菜也,而口味各有不同。如北方人嗜浓厚,南方嗜清淡……清奇浓淡,各有妙处。"所有这些论述,都表明一个地区的饮食习俗和审美意识以及与之相应的食品,都有着强烈的地方色彩,都有差异。这恰恰是中国各地烹饪文化形成鲜明的地方个性的重要诱因。

第二节 饮食与社会

中国先哲先贤对饮食与社会的关系也给予了高度重视,并提出了不少观点,主要有"夫礼之初,始诸饮食"(见《礼记·礼运》),"民以食为天"(见《管子》),"食为八政之首"(见《尚书》),"饮食男女,人之大欲存焉"(见《礼记·礼运》),"五味使人爽口"、"治大国若烹小鲜"(见《老子》),"和与同异,和如羹焉"(见《左传》昭公二十年),"唯酒无量不及乱"(见《论语》),"其为食也,足以强体适腹而已矣"(见《墨子》)等等。中国先民关于饮食与社会的所有论点,都是把饮食之事与社会文明进化、人类教化、道德规范、安定团结等问题联系在一起思考,中国人在饮食活动中所表现出的讲礼仪、重人情与此有着很大的关系。上述主要观点较为典型地体现了中国人对饮食活动与社会生活各个层面的密切关注以及由此而形成的具有代表性的各种饮食观。

一、《礼记》:"夫礼之初,始诸饮食"

何谓"礼"?从本质上说,礼就是国家的各种制度上规定了社会各阶级、各集团的尊卑等级以及与之相应的各类人群的行为规范。《论语·子罕》:"礼乐不兴,则刑罚不中;刑罚不中,则民无所措手足。"《论语·泰伯》:"立于礼,成于乐。"在孔子的言论中礼、乐总是并提的,在孔子看来,饮食之乐,只有受制于外在的"礼"的规范,才能形成一种社会美。周代统治者十分重视饮食与"礼"之间的关系。以周代为例,周人的宴饮活动十分频繁,宴饮的种类、规格也十分丰富,较为重要的宴饮有:祭祀宴饮,祭祀神鬼、祖先及山川日月的宴饮;农事宴饮,在进行耕种、收割、求雨、驱虫等活动时的宴饮;燕礼,相聚欢宴,多为亲私旧故间的宴饮;射礼,练习和竞赛射箭集会中的宴饮;聘礼,诸侯相互行聘问(遣使曰聘)之礼时的宴饮;乡饮酒礼,乡里大夫荐举贤者并为之送行的宴饮;王师大献,庆祝王师凯旋而归的宴饮……

图4-3 《礼记·礼运》:"夫礼之初,始诸饮食。"

可以说古人几乎无事不宴。究其原因,除了统治者享乐所需外,还有政治上的需要,那就是通过宴饮,强化礼乐精神,维系统治秩序。如《诗·小雅·鹿鸣》写的是周王与群臣嘉宾的欢宴场面,周王设宴目的何在?"(天子)行其厚意,然后忠臣嘉宾佩荷恩德,皆得尽其忠诚之心以事上焉。上隆下报,君臣尽诚,所以为政之美也。"(《毛诗正义》)在宴饮过程中,人与人之间可以从感情上求得妥协中和,使社会各阶层亲睦和爱。通过宴饮礼制,即可昭示尊卑亲疏贵贱长幼男女之序的差异,明确君臣父子夫妇的关系,也可以转化由此而产生的等级对立,使各阶层的人们在杯盏交错、其乐融融的气氛中和谐相处,共同为统治者服务。

礼,就其本质而言,就是序,或谓之差异、差别。《礼记·乐记》:"乐者,天地之和也;礼者,天地之序也。和故万物皆化,序故群物皆别。"这里的"序"指的就是尊卑贵贱之别,故孔颖达释曰:"礼明贵贱是天地之序也。"在宴饮过程中,"序"又通常表现为坐席层数、列食量数以及饮食水平的差别,从而体现出周人的政治地位的高下浮沉,这就是我们所说的"礼数"。在宴饮时,从坐席层数看,公席三重,大夫席两重。(铺席者为筵,加铺其上者为席,筵长席短。加铺席数愈多者,其身份愈为显赫。详见《周礼·司几筵》及郑注。)从列食量数看,周人列鼎而食,"天子九鼎,诸侯七,大夫五,元士三也"(《公羊传》桓公三年,何休注)。除列鼎之外,还有"天子之豆二十有六,诸公之豆十有六,诸侯之豆十有二,上大夫八,下大夫六"、"贵者献以爵、贱者献以散;尊者举觯,卑者举角"(见《礼记·礼器》);"羹食,自诸侯以下至于庶人不等"(见《礼记·内则》)。这些现象都反映了味与政之间对应结合的关系。《诗》云:"於我乎!每食四簋,今也每食不饱。於嗟乎!不承权舆。"(《秦风·权舆》)反映的是一个昔日权势在上、今日仕途衰沉的贵族的悲叹,这个贵族正是以今昔饮食生活水平的变化来抒发自己在政治上失落的哀伤之情的。"礼起于何也?曰:人生而有欲,欲而不得,则不能不求;求而无度量分界,则不能不争。争则乱,乱则穷。先王恶其乱也,故制礼义以分之,以养人之欲,给人之求。使欲必不穷乎物,物必不屈于欲,两者相持而长,是礼之所起也。"(《荀子·礼论》)宴饮中的各种礼与其他礼制一样都是服务于治国安邦的手段,通过一系列的礼仪礼节,来体现个人的政治地位和权力,因此近代礼学家凌廷堪指出,周人的宴饮活动"非专为饮食也,为行礼也"(见《礼经释例·乡饮酒义》)。

二、《尚书》:"八政:一曰食……"

《尚书·洪范》在论述人们认识自然与社会总体"洪范九畴"时,提出了"农用八政":"一曰食,二曰货,三曰祀,四曰司空,五曰司徒,六曰司寇,七曰宾,八曰师。"此"八政"乃是社会安定、国家富强的必备条件,唐代经学家孔颖达解释说:"一曰食,教民使勤家业也。""人不食则死,食于人最急,故教民为先也。"可见,在统治者看来,要解决百姓吃饭这件社会最大的事,首先要重视农业生产。

古代的思想家对此也发表过不少的见解。如《管子》说:"民无所游食,必农。民事农,则田垦,田垦则粟足,粟则国富。"孔子说:"足食足兵,民之信矣。"孟子说:"制民之产,必使仰足以事父母,俯足以畜妻子。乐岁终身饱,凶年免于死亡;

然后驱而善之,故民从之也轻。"桓宽说:"认食者民之本,稼穑者民之务。"又说:"种树繁,躬耕时,而衣食足,虽凶年人不病也。"《礼记·王制》也有记载,由于不能保证年年风调雨顺,无凶旱水溢之灾,必须蓄备粮食,以防饥馑,"国无九年之蓄,曰不足。无六年之蓄,曰急。无三年之蓄,曰国非其国也。三年耕,必有一年之食,九年耕,必有三年之食。以三十年之通,虽有凶旱水溢,民无菜色"。从这些见解可知,中国自古以农为本,历代统治者都曾为发展农业生产以解决人民吃饭问题作出过努力。农政有官,农务有学。除碰上战争、灾荒外,在正常年岁时,南亩西畴,稼穑井然,家庆岁熟,物阜民康。

重食是中国历代具有民本思想的统治者们一直重视和强调的大问题。究其原因,一方面是饮食来源的艰难开发与生产条件恶劣所致;另一方面是人口比例失调引起长期缺乏食物所致。中国国土辽阔,物产种类丰富,但耕地面积并不算多。黄河流域的土壤易于板结和水土流失,诚如郭沫若先生所说:"耒耜之作多艰",耕作条件艰苦,故农业生产效率不高;而江南的经济开发是在东晋以后,岭南的经济开发是在唐代以后,东北的农业开垦则是在晚清以后,而对这些地区的开发是迫于人口增长的压力。从历史发展上看,缺粮问题一直困扰着中国人。正因缺粮之故,才有重食之情。而中国饮食文化就是在特有的重食传统和观念中成长起来的。

在"食为八政之首"的观念影响下,历代的一些有关农业生产、流通、调剂、消费等政策,都曾为农业的发展起过一定的作用。粮食生产政策涉及土地政策、农民保护政策、垦荒政策、水利政策等多方面的内容。如水利方面,战国以来,中国出现了一系列大型水利工程,其中最著名的有四川都江堰、陕西郑国渠、河北漳河渠、广西灵渠等。此外,新疆的坎儿井,南北朝时南方农田水利成就,五代时太湖地区水利网的形成,以及历代治黄工程,都是历代水利政策所带来的成就,对历代农业生产发挥了巨大的作用。而历代流通政策的要旨,则在乎歉收之年,或移民就粟,或移粟救民,禁止粮食输出等。调剂政策的要旨,或积谷平粜,以防凶荒;或改变粮食种类,以补粮食之不足;或预防价格暴涨,以保民生。消费政策的要旨,则是在战争、灾荒之时,实行粮食配给制,限制或禁止酿酒等,以防民有缺粮之虞。这些政策,对于解决百姓吃饭问题,都起过良好作用。

在"食为八政之首"观念的影响下,中国历史上重视农业发展的成就为世界所瞩目。今天世界上农业栽培的植物、饲养的动物,有很多种类都是源于中国的。如今人称为小米的粟,世界公认是中国最早栽培,以后传到朝鲜和日本,然后传播到世界各地。大豆也是中国原产农作物,以后传到日本、朝鲜和印度等地,一百多年前再传至欧洲和美洲,几乎遍布全世界。蔬菜与果树中的油菜、芜菁、萝卜、柑、橘、橙、柚,都先后传至海外,在世界范围内广泛栽种。茶树的栽培也是中国最早开始,中国是世界上种茶、饮茶的发源地。猪从野猪驯化成家猪,中国也是最早的国家之一。当今世界上的罗马猪、大约克夏猪等著名品种,几乎都含有中国猪的血液。骡也是中国用马和驴杂交配种而成的新品种。温室栽培蔬菜、无土栽培蔬菜等先进的农业技术,也是中国最早开始的。可见,"食为八政之首"是统治者从治理社会的角度提出的,它起到了推动中国农业发展的积极作用。

三、《墨子》:"其为食也,足以强体适腹而已矣"

墨子极力排斥人们对美的追求,推举古人的饮食之法,认为像古人那样只求饱腹充饥、反对饮食的美感享受是值得提倡的。"古者圣王制为饮食之法,曰:'足以充继气,强股肱,耳目聪明,则止。'不极五味之调,芬芳之和,不致远国珍怪异物。何以知其然?古者尧治天下,南抚交阯,北降幽都,东西至日所出入,莫不宾服。逮至其厚爱("爱"当为"受",依曹耀湘说):黍稷不二,羹胾(音自)不重。饭于土馏,啜(音错)于土形,斗以酌。"(《墨子·辞过》)在他看来,人们应效法"古者圣王",对饮食生活的要求应是低水平的,"其为食也,足以增气充虚,强体适腹而已矣"(《墨子·辞过》)。基于这一观点,他无情地揭露了"当今之主"奢侈的饮食生活,"为美食刍豢蒸炙鱼鳖,大国累大器,小国累小器,前方丈,目不能遍视,手不能遍操,口不能遍味"(《墨子·节用》)。这段文字深刻地表达了重质轻文、坚持节用的饮食观点。他对孔子所谓"割不正不食"之类的言论很反感,认为这与孔子平时提倡的"礼乐"思想不一致,他举了这样的例子:"孔某穷于蔡、陈之间,藜羹不济。十日,子路为享豚,孔子不问肉之所由来而食,号人衣以酤酒,孔子不问酒之所由来而饮。哀公迎孔子,席不端弗坐,割不正弗食。子路进,请曰:'何其与陈、蔡反也?'孔某曰:'来,吾语汝!曩与汝为苟生,今与汝为苟义。'夫饥约则不辞妄取以活身,赢饱则妄为伪行以处饰污邪诈伪,孰大于此"(《墨子·非儒》),他批评儒家中许多人(如孔、颜等)甘于贫困而倨傲自大,"立命缓贫而高洁居,信本弃事而安怠傲"(《墨子·非儒》)。显而易见,他将儒家宣扬的"礼乐"看成是茶余饭后的虚伪行为。

四、《老子》:"五味令人口爽"

《老子·十二章》说:"五色令人目盲,五音令人耳聋,五味令人口爽……是以圣人为腹不为目,故去彼取此。"《广雅·释诂》三:"爽,败也。"《楚辞·招魂》:"厉而不爽些",王逸《楚辞注》:"楚人名羹败曰爽。"老子认为,五味可令人胃口大伤。

老子反对五味,有其深厚的思想根源。当时,统治者占有大量财富之后,将审美混同于纯粹的感官享受,毫无节制地追求着。老子认为,这就是产生罪恶的根源。他说:"民之饥,祸莫大于不知足,咎莫大于欲得"(见《老子·四十六章》),"民之饥,以其上食税之多,是以饥"(见《老子·七十五章》)。因而,他主张取消一切审美活动,回到那种无知无欲、不争不乱的原始社会。可见,他主张"味"也在其摒弃范围之内。"善与之恶,相去若何"(见《老子·二十章》),对美味的追求使人"口爽",这各种美与恶又有何区别?但老子并非禁欲主义者。他提出"圣人为腹不为目"的结论,其实质是不为五味所惑,亦即他所说的"虚其心,实其腹"(见《老子·三章》),可见,他排斥对"五味"的追求,不是说要排斥整个饮食活动,就"实其腹"而言,也是一种欲望的满足(生理需要)。这种满足虽说有限,却与后来"道教"的荒唐的饮食观别于天壤。

在排斥美味的同时,老子提出了"恬淡为上,胜而不美"——崇尚"淡"的美食观。

春秋末期的社会现实,使以老子为代表的道家人处于一种柔弱无为的地位。但他们不甘心没落沉沦,于是提出了以柔克刚、以无为胜无不为的理论,以此作为道家的精神支柱。《老子·七十八章》说:"天下莫柔弱于水,而攻坚强者莫之能胜",又《老子·八章》"上善若水。水善利万物,又不争处众人之所恶,故几于道"。朱谦之在《老子校释》中说"古代道家言,往往以水喻道",这话有道理。水不但有"静之徐清"、"动之徐生"(见《老子·十五章》)的特点,而且"淡乎其无味"(同前),道者,无形无味,与水颇似,这就是老子崇淡饮食观的根源和基础。从而他提出了"恬淡为上,胜而不美"(见《老子·三十一章》)的审美理想与情趣,也是他的"无为无不为"(《老子·四十八章》)思想在饮食生活中的具体反映。他说:"为无为,事无事,味无味"(《老子·六十三章》),可见他对"道"的观照落实到饮食活动之中,希望人们在饮食活动中要像追求"道"的最高境界一样去追求淡味。

老子认为:"柔弱胜刚强"(见《老子·三十六章》),并把水比成"致柔",显然,水味恬淡,淡为致柔;与之相对,"五味"属坚。"天下之至柔,驰骋天下之至坚"(见《老子·四十三章》),可见他把饮食活动中淡味看成是百味之首,这正是他崇尚自然、返璞归真的表现。他的崇淡思想对后世的饮食活动产生了一定的影响,形成了一种特殊的审美风格与审美情趣。

第三节 饮食与健康

我国先民对饮食与健康之间的关系的把握积累了丰富的经验,并对此加以理论性的总结。所形成的主要观点有"饮食有节"、"五谷为养,五果为助,五畜为益,五菜为充"(见《黄帝内经》),"食不厌精,脍不厌细"、"肉虽多不使胜食气"、"色恶不食"、"失饪不食"、"不时不食"(见《论语·乡党》),"饮食之道,脍不如肉,肉不如蔬"(见《闲情偶寄》),"只将食粥致神仙"(陆游诗),如此等等,这些观点既是对中国人饮食养生实践的高度概括,也是中国人饮食养生实践的理论依据。

一、《论语》:"食不厌精,脍不厌细"

语出《论语·乡党》,本意为选取谷米要尽可能地精致,切割肉类原料要尽可能地细而薄。后人引用时,引申为孔子要求要不断地提高烹饪技术水平,精益求精,把一餐饭菜变成美味精品。

在饮食问题上,尽管孔子豪爽地说"饭疏食,饮水",乐在其中,但他又指出,在不过分追求美饮美食的前提下,应该"色恶不食"、"割不正不食"(见《论语·乡党》),概而论之,就是"食不厌精,脍不厌细"。孔子分别从菜肴的形、色两方面要求饮食能"尽美",这是它的"乐"的精神的一个具体体现。在"乐"中,"美"与"善"必须统一起来,在某种意义上看,就是形式与内容的统一,就饮食意义而言,就是色、香、味、形的统一。这与他所谓的"君子食无求饱"、"士志于道,而耻恶衣恶食者,不足与议也"并不矛盾。孔子认为,审美可以在人的主观意识修养中起到十分积极的作用。但是并非每个人都是这样,只有符合了"仁"的要求,审美才会起作用,"人而不仁,如乐何?"讲的就是这个道理。在饮食活动中,情感、趣味必须是有节制、有限度的,这种情感与趣味符合"礼"的规范,所以,它应该属于审美的情感。

在饮食活动中,追求"尽善尽美",这也是孔子所谓的"文"与"质"的关系(见《论语·雍也》)在饮食活动中的又一体现。就一个人的修养来看,"文"就是包括审美在内的整个文化修养;表现在饮食活动中,不仅是对饮食对象形式美的追求,也是对饮食过程中人们的礼节、礼貌的起码要求。"文之以礼乐"(《论语·宪问》),"礼乐"是一个君子完成修养所必不可少的,这里的"礼"与"美"也有很大关系。因为饮食活动中的礼节、礼貌的表现形式必须是一种合宜的、能给人以庄严肃穆感觉的、优美的动作姿态,如果缺少包含审美在内的文化修养,那么人们在饮食活动过程中表现出的粗野的动作

图4-4 孔门养生宴

姿态必将令人望而生畏,这也是孔子所谓的"质胜文则野"(《论语·雍也》)在饮食过程中的表现之一。

孔子提出"食不厌精,脍不厌细"的同时,还有对味、色、香、质地、烹调火候、切割等烹饪工艺从精从细的要求,可以看作是对食品制作要精的具体化。如孔子提出的"不得其酱不食"(《论语·乡党》),就是对味和调味的精的要求。哪种肉应配哪种调味品,如脍,春天要用葱酱,秋天要用芥酱,如不得其酱,当然不食。"色恶不食"是说食物的颜色变坏,表明质地已发生变化,当然谈不上精,也不能食。"臭恶不食"是说发出腐恶气味的食物不能吃。"失饪不食"是说烹制的火候不到或火候过头的食物不能吃。在孔子看来,所有这些"不食"都不符合精的要求,这说明孔子对食品精的要求是相当高的。这一观点至今在国内多有引用,在海外论中国饮食文化的书中也常常提及,可见其影响深远。其影响更为深刻的是,孔子所倡导的精品意识,在中国烹饪文化中还有巨大的潜在作用。精,乃是对中国烹饪文化内在品质的概括。精品意识作为一种文化精神,已越来越广泛地渗透到整个烹饪制作与饮食活动中。

二、《闲情偶寄》:"饮食之道,脍不如肉,肉不如蔬"

清人李渔在其所撰《闲情偶寄·饮馔部·蔬食第一》中,把音乐和烹饪作了这样的对比:"声音之道,丝不如竹,竹不如肉,为其渐近自然;吾谓饮食之道,脍不如肉,肉不如蔬,亦以其渐近自然也。"他认为声音中的丝弦声(如弦乐器中的二胡、高胡,弹拨乐器中的琵琶、筝等)不及竹管声(管乐器中的笛、笙等),竹管声又不及肉声(人的歌声),原因在于它更接近于自然。饮食也是同样的道理。脍(细切的鱼、牛、羊等肉)不及肉(禽鸟类野味,《正字通》:"肉,禽鸟,谓之飞肉。"),肉又不及蔬(草、菜可食者皆可称蔬),也是因为它更接近自然的缘故。饮食崇尚自然是中国人的饮食传统,《黄帝内经》讲人与天地相应,《老子》讲饮食之道法自然,都是为了使人与自然能相处得更为和谐。李渔继承了这种观念,甚至提出:"草衣木食,上古之风,人能疏远肥腻,食蔬蕨而甘之,腹中菜园不使来踏破,是犹作羲皇之民,喜唐虞之腹……所怪于世者,弃美名不居,百故异端其说,谓佛法如是,是则谬矣。"

李渔以家养的畜肉、养殖和捕捞的鱼肉为脍,与禽鸟之野味肉和蔬菜三者为例相比较,从而得出脍不如肉、肉不如蔬的观点,是有一定道理的。在《闲情偶寄·饮馔部·肉食第三》中,他将野味和家畜家禽的肉质作过比较后指出:"野味之逊于家味者,以其不能尽肥;家味之逊于野味者,以其不能有香也。家味之肥,肥于不自觅食而安享其成;野味之香,香于草木为家而行止自若。"在味道上,野禽野兽与家禽家畜相比，野味之香胜于家味，而其营养价值却无太大的差异。蔬菜在人们的饮食活动中则可以成为养生的重要食源，它能使人从中获得充分的营养，其养生价值不比肉食低，且易于获取原料，也易于烹饪操作。这就是李渔所谓的"肉不如蔬"的道理所在。

第四节　饮食与烹调

早在先秦时期，我国先民就开始了烹调技术的理论性总结，并为今人留下了很多高度概括烹调技术规律的著名论断，如"凡味之本，水最为始。五味三材，九沸九变，火为之纪。时疾时徐，灭腥去臊除膻，必以其胜，无失其理。调和之事，必以甘酸苦辛咸。先后多少，以齐其微，皆自有起"、"鼎中之变，维妙微纤"（见《吕氏春秋》），"甘受和，白受采"（见《礼记》），"唯在火候，善均五味"（见《酉阳杂俎》）。"有味使之出，无味使之入"（见《随园食单》），"家常饭好吃"（宋人范仲淹语）等等。

一、《吕氏春秋》："鼎中之变，维妙微纤"

我国早在商代就有了用盐梅调和羹味的实践和理论，春秋战国时代产生了系统论述调味的言论与著作，《吕氏春秋·本味》就是其中的一篇。"本"含有探求"本源"的意思，因此《本味》中讲的"本味"实际上讲的是"变味"，讲的是如何清除食物原料中恶味、激发食物中的美味。文中强调两个问题：第一是强调水、火候、齐（调味品的剂量）的统一。在作者看来，水在烹调中是给食物加热和使之入味的中介，也是调味的起点。水的"九沸九变"是通过火候的大小实现的，只有火候合适，才能除去食物原料的异味。食物美味的实现，虽然离不开火，但最终还要靠调味品的调和，所谓"调和之事，必以甘酸苦辛咸，先后多少，以齐其微，皆自有起"。烹调中需要一定的剂量搭配五味，孰先孰后，剂量多少，与水火如何配合，这些道理都是十分精妙的，稍有差错，便会失之毫厘，谬之千里。因此，要通过反复实践，总结经验教训，才能成为一个高明的厨师。第二是强调加热要把握好"度"，要恰到好处，也就是要做到"久而不敝，熟而不烂，甘而不哝，酸而不醋，咸而不减，辛而不烈，淡而不薄，肥而不腻"。"久"与"敝"、"熟"与"烂"、"甘"与"哝"、"酸"与"醋"、"咸"与"减"、"辛"与"烈"、"淡"与"薄"、"肥"与"腻"，这每一对味道概念，有着近似而易混的关系，前者合乎"度"，后者则过度。作者主张既不要"不及"，也不要"过"，因此要在两者之间作深入的辨析。

二、《礼记》:"甘受和,白受采"

此语出自《礼记·礼器》,大意是"甘"能和众味,"白"易染诸色。唐人孔颖达释道:"甘为众味之本,不偏主一味,故得受五味之和。白是五色之本,不偏主一色,故得受五色之彩。以其质素,故能包受众味及众采也。"古人以此喻人的素质好了,才能进于道。其实,古人所谓的"甘"与今之所说的甜不尽相同,甜则专指甜酒、饴糖、蜂蜜中的味道。甜在基本味中具有缓冲作用,咸、酸、辛、苦太过,都可以用甜味缓冲一下,以削弱它们对味蕾的刺激。"甘"是一种美味,指可以含在嘴里慢慢品味的食物,它并非一种具体的味道,而是一种抽象的美味。先民在饮食活动中,曾赋予"甘"以一些具体的含义,或指甜,或指嗜,或说熟,或指悦,或指调味,或指本味。在先秦两汉的文献中,以"甘"言美味和美食的记载甚多,如《老子》、《庄子》皆以"甘其食"而言食物味美;《孟子》则以"饥者甘食"来表达他对食物甘美的感觉;《管子》又用"味甘味"而说美味;《尚书》中有"稼穑从甘"之语,孔颖达疏:"甘味生于百谷。谷,土之所生,故甘为土之味也。"如此等等,这些都已表明,"甘受和"的观点已为人们所认同。

在中国烹饪工艺发展史上,"甘受和"的观点通常被运用到具体的烹饪与调味之中,如甘滑、甘甜、甘美、甘脆等,都指一种美味、美食的效果。《礼记》:"凡和,春多酸,夏多苦,秋多辛,冬多咸,调以滑甘。"这就是说,调和五味,四时应根据五脏之需而有所侧重,但无论是哪个季节,都要使食物滑润甘甜。清人李渔将烹调中的"甘"理解为鲜味,他在《闲情偶寄》中说:"《记》曰:'甘受和,白受采。'鲜即甘之所从出也。"并列举笋汁、蕈汁、虾汁等极鲜之品,作为"甘之所出"的例证。李渔提出的这一诠释,从另一个侧面体现了中国烹调工艺中的哲学内涵。

三、范仲淹:"家常饭好吃"

图 4-5 范仲淹:"家常饭好吃。"

北宋著名文人范仲淹以其自身的经历和感受,总结出"常调官好做,家常饭好吃"的精辟之论。家常饭,即指平时常于家中烹制的饭菜。中国人的日常饮食,就是以家庭为单位,吃家常饭菜。所用烹饪原料,就是常见的稻麦豆薯、干鲜果蔬、禽畜鸟兽、鱼鳖虾蟹。吃这些用普通烹饪原料制成的家常饭菜,具有自在随意的自然气氛和乡情乡味。范仲淹的"家常饭好吃"正是用简洁的语言,表达了人们对家乡菜的钟情。

而自古以来,许多文人从不同角度对家常饭菜赞不绝口。北宋大文豪苏东坡在其《狄韶州煮蔓菁芦菔羹》诗中说:"我昔在田间,寒庖有珍烹。常支折脚鼎,自煮花蔓菁。"南宋诗人陆游在其《南堂杂兴》诗中说:"茆檐唤客家常饭,竹院随僧自在茶。"清代画家郑板桥在其《范县署中寄舍弟墨第四书》文中说:"天寒地冻时,穷亲戚朋友到门,先泡一大碗炒米送手中,佐以酱姜一小碟,最是暖老温贫之具。暇日咽碎米饼,煮糊涂粥,双手捧碗,缩颈而啜之,霜晨雪早,得此周身俱暖。"明代画家沈石田在其《田家四时苦乐歌》诗中,写及农民的饮食快乐之事时颂道:"春韭满园随意剪,腊醅半瓮邀入酌。喜白头人醉白头扶,田家乐。……原上摘瓜童子笑,池边濯足斜阳落。晚风前个个说荒唐,田家乐。"又在《田家乐》诗中说:"虽无柏叶珍珠酒,也有浊醪三五斗。虽无海错美精肴,也有鱼虾供素口……"

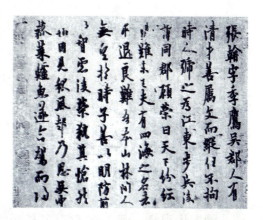

图 4-6　唐·欧阳询《张翰思鲈帖》

早在范仲淹说"家常饭好吃"以前,晋代就有张翰因莼鲈之思而弃官还乡的典故。范仲淹之后,人们更是眷恋具有浓郁乡情乡味的家常饭菜。时至文明高度发展的今天,一些远离故乡在外地工作的人们,常有难忘家乡饭菜的情怀,这种以食思乡的人之常情已成为古往今来绵绵不断的一种饮食文化现象。

第五节　饮食与艺术

在中国烹饪文化中,饮食与艺术间的关系呈现出许多显著特点,就美与审美而言,体现出美善合一的特点,即以善为核心,以美为其外在的表现形式的特征。所谓以善为核心,一是强调饮食的养生作用,讲究平衡膳食,戒暴饮暴食;二是强调饮食的人伦、道德意义与精神意义,如尊亲养老、劝俭戒奢及将人格精神力量融于饮食行为中等等。而作为外在表现形式的美,一是指饮食活动讲究色香味形器的结合,重视菜肴制作和筵席配制的艺术意味;二是指重视饮食活动中的环境因素,追求饮食的意境美;三是将饮食活动与诗词歌舞艺术相融合,重视饮食活动的娱乐性和艺术化等。就饮食活动外在之美而言,前人多有论述,如"食必求饱,然后求美"(见《墨子》),"恬淡为上,胜而不美"(见《老子》),"饥者甘食,渴者甘饮"(见《孟子》),"人莫不饮食也,鲜能知味也"(见《中庸》),"味外之美"(宋人苏东坡语),"物无定味,适口者珍"(宋人苏易简语),"美食不如美器"(见《随园食单》),"无情之物变有情"(见《闲情偶寄》),"是烹调者,亦美术之一道也"(见《建国方略》)等。

一、《中庸》:"人莫不饮食也,鲜能知味也"

何谓"知味"？知味者,不仅善于辨味,而且善于取味,不以五味偏胜,而以淡中求至味。明人陈继儒在《养生语》中说,有的人"日常所养,惟赖五味,若过多偏胜,则五脏偏重,不惟不得养,且以戕生矣。试以真味尝之,如五谷,如瓜果,味皆淡,此可见天地养人之本意,至味皆在其中。今人务为浓厚者,殆失其味之正邪？古人称'鲜能知味',不知其味之淡耳"。明代陆树声在其《清暑笔谈》中也说:"都下庖制食物,凡鹅鸭鸡豕类,用料物炮炙,气味辛釅,已失本然之味。夫五味主淡。淡则味理念。昔人偶断荤食淡饭者曰'今日方知真味,向来几为舌本所瞒'。"以淡味真味为至味,以尚淡为知味,这是先贤的一种饮食境界,也是对真正美味的一种追求。《老子》所谓的"为无为,事无事,味无味",以无味即是味,也是崇尚清淡、以淡味为至味的一种表现。

另一方面,味觉感受并不仅限于舌面上味蕾的感受,大脑的感受才是最高层次的审美体验。如果只限于口舌的辨味,恐怕还不算是真正的知味者。真正的知味应该是超越动物本能的味觉审美,这就是一种饮食的最高境界。历代的有成就的厨师都是美味的炮制者,这其中不少也都可算作是知味者,但知味者绝不仅仅限于庖厨者这个狭小的人群,《淮南子·说山训》说:"喜武非侠也,喜文非儒也；好方非医也,好马非驺也；知音非瞽也,知味非庖也。"对药方感兴趣的不是医生,而是患者；对骏马喜爱的并非喂马人,而是骑手；真正的知音者不是乐师,而是听者；真正的知味者不是厨师,而是食客。

二、苏东坡:"味外之美"

苏轼在给友人的信中写到自己吃荠菜后的感想时说:"今日食荠极美。念君卧病,面、酒、醋皆不可近,惟有天然之珍,虽不甘于五味,而有味外之美。"这"味外之美",一直是中国古代士大夫阶层追求的一种饮食境界。所谓"味外之美"即指人们对饮食对象和进餐环境的感觉。其中,饮食趣味、饮食情礼等"味外"的感觉,也烘托着美味佳肴,使人们获得更为广阔的美的感受。

所谓"饮食趣味",是指在烹制菜肴之前,经过巧妙的设计,赋予成品以诗情画意,或运用雕镂、拼摆等手段将菜肴装饰成动植物形态,以增添饮食的趣味。此外,在菜品的色、香、味、质之外,或使其有声,或使食客自己动手涮肉、剥蟹,以满足其参与感,这些都是增添饮食趣味的方法。

所谓"饮食情礼",是指多数人在饮食活动中追求的,是人们在社会交往中,以亲情、友情、乡情、人情点缀其间,使饮食生活充满了感情气氛,并形成相对固定的饮食之礼。这种

图 4-7 以食雕为表现手法的味外之味

饮食情礼,是具有永恒魅力的味外之美。如遇到亲友离合或红白喜事,人们都习惯于在饭桌上表达一种感情;洽谈商务,平息纠纷,人们也愿意在宴席上细陈得失。而历史上传承至今的传统节日食品,如春饼、饺子、元宵、粽子、月饼、菊花糕等,无不寄寓着盼望吉祥如意、和睦团圆及尊老敬贤之礼。

饮食需要良好的环境气氛,可以增强人在进食时的愉悦感受,起到使美食锦上添花的效果。因此,吉庆的筵席有必要设置一种喜气洋洋的环境,欢欢喜喜地品尝美味。聚会虽然未必全是为了寻求愉悦的感受,有时可能是为了抒发离情别绪,所以古道长亭或孤灯月影往往是适于这种情绪的饮食环境。饮食的环境和气氛,应以适度、自然、独到为美。在上流社会看来,奢华也是美,所以追求排场也被当作是一种美。

三、《建国方略》:"是烹调者,亦美术之一道也"

孙中山先生在他的《建国方略》中说:"夫悦目之画,悦耳之音,皆为美术;而悦口之味,何独不然?是烹调者,亦美术之一道也。"孙中山先生把烹饪与音乐、绘画同列为艺术,是因为在他看来,烹饪本身就是一种艺术、一种创造。

无论在东方还是西方,美之概念的起源问题都与烹饪有着密切的关系。在汉语、英语、法语等语种的文字中,美的概念大多都包含美味、可口、好吃、芳香等意义,而汉语在这方面尤显突出。《说文》:"美,甘也,从羊,从大。羊在六畜主给膳也。"此后,上层社会及士大夫们在饮食活动中,处处伴之以美的形式,不仅宫廷宴饮必须行礼举乐,酒肆茶楼有艺人卖唱,连民间婚丧宴集也必须讲究服饰、

装点环境、伴以戏曲音乐，家常便饭也尽可能地讲究餐具、家具的造型和布局。如此传统，历数千年而不衰，而且随着人类物质文明和精神文明水平的提高，越来越发扬光大。另一方面，现代生理学和心理学研究成果表明，美感与快感一样有着生理和心理作为基础。各种感觉的存在都不是孤立的，而是在神经系统的综合协调下互相联系、互相制约的。低级器官的感觉可以通过联觉或联想作用，同时使高级器官得到相应的感知。其间没有不可逾越的鸿沟。任何审美对象都不仅给人以精神上的愉悦，而且也给人以生理上的舒适。优美的音乐、书画能给人以精神的愉悦，烹饪艺术与美食，也会给人的感官带来美感，既饱口福，又饱眼福、耳福。因此，很多政治家、思想家和文化巨匠都认为烹饪是一种艺术。而孙中山先生提出的"烹调即美术"的论断尤为直截了当。

 同步练习

1. "治大国若烹小鲜"一语是谁说的？
2. "割不正不食"一语是谁说的？
3. "口之于味有同嗜焉"一语是谁说的？
4. 医食相通的制度始于哪个朝代？
5. "五谷为养，五果为助，五畜为益，五菜为充，气味合而服之，以补精益气"这段文字出自何书？
6. "夫礼之初，始诸饮食"一语出自何书？什么意思？
7. 为什么中国历代具有民本思想的统治者们一直重视和强调重食问题？
8. "恬淡为上，胜而不美"一语出自何书？对后世饮食文化产生了怎样的影响？
9. "食不厌精，脍不厌细"是谁说的？本义是什么？引申义又是什么？
10. 什么是味外之美？试举例说明。
11. "是烹调者，亦美术之一道也"这句话出自何书？何人所说？

第五章 中国烹饪饮食器具

烹饪饮食活动是中国传统文化的重要组成部分,而烹饪饮食器具则是吃的理念与过程的外在表现,因此,对中国古代烹饪饮食器具的了解也成了研究传统文化特别是烹饪饮食文化极为有用的一把钥匙。中国烹饪饮食器具,是中国烹饪饮食文化的重要组成部分,它们积淀着中华民族的伟大智慧和文化情愫,历经数万年的历史锤炼和打铸,形成了人类文化宝库中耀眼夺目的无价瑰宝。这不仅是我们的先民留给我们的无比丰厚的文化遗产,也是中国烹饪饮食历史对人类文化的巨大贡献。

中国烹饪饮食器具,从功能特点上分,可分为饪食具、酒具和茶具。

第一节 饪食具

饪食具,是指人类在烹饪饮食活动中所使用的烹制和食用食物的工具。在饪食具的历史早期,炊具和食具往往是一体的。随着烹饪技术的发展和人们饮食文明的进步,饪食具有了炊具与食具之分。

 一、饪食具的诞生

人类饮食活动在其初始阶段是没有器具的。在学会用火之前,人类吃的内容和方式与动物并无两样,即直接食用植物果实和动物血肉,这种"茹毛饮血"的饮食方式不存在也不需要饪食具。当人类掌握了火以后,人们先将食物放在火

中烧烤，然后再食用，或者将石头烧热，将食品放在热石上焙熟而食。在长达数百万年的旧石器时代，当时的人类，就是依靠烧烤和焙熟这两种原始的熟食方式而走过了尚处入于童年阶段的艰辛历程。

在原始熟食阶段进入后期时，人类开始有了第一件饪食具——陶器。

考古研究表明，早在距今1.1万年以前，中国人就发明了陶器。我们的祖先通过长期的劳动实践（不排除炮食这一饪食活动）中发现，被火烧过的黏土会变得坚硬如石，不仅保持了火烧前的形状，而且不易水解。于是人们就试着在荆条筐的外面抹上厚厚的泥，风干后放入火堆中烧，待取出时里面的荆条已化为灰烬，剩下的便是形成荆条筐的坚硬之物了，这就是最早的陶器。先民们制作的陶器，绝大部分是饮食生活用具。在距今8000年至7500年前的河北省境内的磁山文化遗址中，发现了陶鼎，至此，严格意义上的烹饪开始了。在此后的河姆渡文化、仰韶文化、大汶口文化、良渚文化、龙山文化等遗址中，都发现了为数可观的陶制的饪食器，如鼎、鬲等。在河姆渡遗址和半坡遗址中，发现了原始的灶，说明六七千年以前的中国先民就能自如地控制明火，进行烹饪

图5-1　半坡遗址出土的彩陶人脸鱼纹盆

了。陶烹是烹饪史上的一大进步，是原始烹饪时期里烹饪发展的最高阶段。

陶器的发明是史前时期划时代的变革，人类从此拥有了真正属于自己制造的产品。这一发明对文明进程的影响深刻而久远，在金属器进入社会生活之前的数千年里，陶器一直是人类最主要的生活器具，直到今日，它仍未完全退出我们的生活。在中国，陶器的发明被视为由旧石器时代进入新石器时代的标志之一，而人类所发明的第一件陶器是用以熟食的，因此可以说，人类的第一件饪食器是随着新石器时代的到来而产生了。

二、中国饪食具发展过程的三个阶段

中国饪食具1万年左右的演进历史，是一个环环相扣的链条，但每个环节的材料和构造却不尽一致，这是中国古代饪食具发展的总特征，也是对饪食具进行分期研究的原因和基础。根据考古学研究的一般原则和中国烹饪文化的特殊内涵，中国古代饪食具的发生、发展过程可分为石器时代、青铜器时代和铁器时代三个阶段。

1. 石器时代

石器时代就是我们通常所说的原始社会,即人类诞生以至文字产生之前的历史,因为没有文字记载,故称史前时期。石器时代的前段是使用打制石器的旧石器时代,后段是使用磨制石器的新石器时代。新石器时代发明了陶器,有了原始的农业和畜牧业,出现了真正的饪食具。这便是中国古代饪食具的发生及初步发展期。从公元前 8000 年前后到公元前 2000 年,这段时间共历 6 000 余年。

2. 青铜器时代

这是指青铜器进入社会生产生活领域的时期,大约相当于通常所说的奴隶社会。夏、商和西周,是中国奴隶社会产生、鼎盛和衰亡的时期,也是青铜文化高度发达的时期。东周(包括春秋和战国时期)虽然已进入封建社会的门槛,但其饮食文化的时尚与饪食具的特征和前期并无殊异,因此我们将夏、商、西周、东周划入饪食具发展的第二时期,即发展、勃兴的时期。自公元前 2000 年左右到公元前 200 年左右,这一时期大约有 1 800 年之久。

3. 铁器时代

当历史进入封建社会后,铁器已成为主要的生产生活工具。而铁质饪食具的真正普及却是在秦汉时期完成的,而且秦汉时期至魏晋南北朝时期的饮食观念与商周时期有较大的差异,饪食具的形态与组合也发生了很大变化,而唐宋以后的饮食习惯又与秦汉魏晋南北朝时期有别,瓷器也大量地进入饮食领域,所以将秦汉魏晋南北朝和唐宋元明清分别作为铁器时代饪食具发展的前后期。前期是我国饪食具成熟、定型的时期,后期则由一日两餐到一日三餐食制的转换完成时期。这两期分别有 800 多年和 1 000 多年的历史。

以上几个具有不同内涵的发展时期构成了中国古代饪食具发展的完整过程。对这一过程的分层次描述和整体归纳,就是研究中国饪食具的核心内容。

三、中国古代饪食具的分类、命名和功能

史前饪食具的固有名称已随着远古时代的流逝而永远地湮灭了。现在饪食具的各种名称都是进入青铜时代以后尤其是秦汉时期的学者们所给出的。从饮食活动的角度看,饪食具有不同的用途,这些用途涉及完整熟食活动的每个环节。这些环节包括:对原料进行熟食加工,将熟化食品从饪熟器具中取出放入盛装器皿,再从器皿中取食入口,吃剩的食物及用不完的原料还需加以贮藏……每个环节都要使用不同的器具,而且两个相连环节之间有时还需要有中介工具。在这一完整过程中,客观上已对器具的功能进行了分工,我们由此可以将它们分成炊具、盛食具、进食具和贮藏具四类。

1. 炊具

运用烹、煮、蒸、炒等手段将原料加工成熟并可食用的器具就是炊具。这些器具包括灶、鼎、鬲、甗、甑、鬶、斝等类别。

图 5-2 咸头岭出土的距今 6 000 年以前的陶灶

灶 最原始的灶是在土地上挖成的土坑,直接在土坑内或于其上悬挂其他器具进行烹饪。这种土坑在新石器时代非常流行,并发展为后世的用土或砖垒砌而成的不可移动的灶,至今仍在广大农村普遍使用。新石器时代中期发明了可移动的单体陶灶,较小的可移动灶称为灶或镟,实际上就是炉。进入秦汉以后,绝大多数炊具必须与灶相结合才能完成烹饪,灶因此成为烹饪活动的中心。

鼎 新石器时代的鼎均为圆形陶质,是当时主要的炊具之一。商周时期盛行青铜鼎,有圆形三足,也有方形四足。因功能不同,又有镬鼎、升鼎等多种专称,主要用以煮肉和调和五味。青铜鼎多在祭祀礼仪场合中使用,进而成为国家政权的象征,而日常生活所用主要还是陶鼎。秦汉时期,鼎作为炊具的意义大为减弱,演化为标示身份的随葬品。秦汉以后,鼎成为香炉,完全退出了烹饪饮食领域。有关鼎的许多典故说明了鼎在传统文化中的重要,在现代词汇中,"鼎"仍是最活跃的一个字眼。

图 5-3 河南安阳殷墟出土的司母戊大方鼎　　图 5-4 西周陶鬲

鬲 产生于新石器时代晚期,至战国时日渐消亡,故秦以后的文献中很少出现此字。陶鬲是炊具,青铜鬲除具有炊具功能外,还被用作祭礼仪式中的礼器而见存于夏商周时期。

甑 就是底面有孔的深腹盆,是用来蒸饭的器具,其镂孔底面相当于一面箅子。甑只有和鬲、鼎、釜等炊具结合起来才能使用,相当于现在的蒸锅。自新石器时代晚期以后,甑便绵延不绝,今天厨房中仍可见到它的遗风。

图5-5 汉代灰陶彩绘甑　　　　　　　　图5-6 西周印纹硬陶釜

釜 即圜底的锅。它产生于新石器时代中期,商周时期有铜釜,秦汉以后出铁釜,带耳的釜叫鍪。釜单独使用时,需要挂起来在底下烧火,大多数情况下,釜放置于灶上使用。

甗 这是一种复合炊具,上部是甑,可蒸干食;下部是鬲或釜,可煮汤烧水。陶甗产生于新石器时代晚期,商周时期有青铜甗,秦汉之际有铁甗,东汉之后,甗基本消亡。东周之前的甗多为上下连体;东周及秦汉则流行由两件单体器物扣合而成的甗。鬲、鼎与甑相合的甗可直接用于炊事,而釜、甑相合而成的甗仍需与灶结合才能使用。汉时直接呼甗为甑。

图5-7 商妇好墓出土的三联甗

鬹 将鬲的上部加长并做出鋬,一侧再安装上把手就成了鬹。这是中国古代炊具中个性最为鲜明独特的一种,只流行于新石器时代晚期的大汶口文化和山东龙山文化,其他地域罕有发现。同鬲一样,鬹也是利用空袋足盛装流质食物而煮熟的炊具。

图 5-8 新石器时代白陶鬶

图 5-9 偃师商城铜斝

斝 外形似鬲而腹与足分离明显。陶斝产生于新石器时代晚期,当时也是空足炊具之一。进入夏商周时期,斝变为三条实足,且多为青铜制成,但已是酒具而不是炊具了,作为炊具的陶斝只存在于新石器时代晚期的数百年间,作为酒具的斝则盛行于商周两代。

2. 盛食具

指进餐时所使用的盛装食物的器具,相当于今天所说的餐具,包括盘、碗、盂、钵、盆、豆、俎、案、簋、盒、敦等。盘是盛食容器的基本形态。

盘 新石器时代已广泛使用陶盘作为盛食器皿。此后,盘一直是餐桌上不可或缺的用具。作为中国古代食具中形态最为普通而固定、流行年代最为久远品类,盘包括了陶、铜、漆木、瓷、金银等多种质料。最为常见的食盘是圆形平底的,偶有方形,或有矮圈足。值得注意的是,商周时期的青铜盘中有相当一部分是盥洗用具。

图 5-10 西周青铜盘

图 5-11 新石器时代朱漆木碗

碗、盂、钵 碗似盘而深，形体稍小，也是中国盛食具中最常见、生命力最强的器皿。碗最早产生于新石器时代早期，历久不衰且种类繁多。商周时期稍大的碗在文献中称盂，既用于盛饭，也可盛水。碗中较小或无足者称为钵，或写成钵，也是盛饭的器皿，后世专称僧道随身携带的小碗为钵。

盆 盘之大而深者为盆，盆既用于炊事活动，也是日用盥洗之具。不过后一种意义的盆古代常写为鉴，形状上与盛食之盆也略有差异。新石器时代的陶盆均为食器，式样较多；秦汉以后食盆的质料虽多，但造型一直比较固定，与今天所用基本无别。

图 5-12 仰昭文化遗址出土的几何纹彩陶盆　　图 5-13 春秋晚期狩猎纹豆

豆 盘下附高足者为豆，新石器时代晚期即已产生陶豆，沿用至商周，汉代已基本消亡。豆即是此类物品的泛称，也专指木质的豆，陶质豆称为登，竹质豆称为笾，都是盛食的器具。商周时期，豆均为专盛肉食的器具，广泛用于祭祀场合，故后世以"笾豆之事"代指以食品祭神，豆类器具因此被称为"礼食之器"，其用途甚明。

俎 平板之下有足曰俎。俎是用来放置食品的，也可用作切割肉食的砧板。新石器时代的此类食具尚未发现，但夏商周时期的俎也是祭祀用的礼器，用来向神荐奉肉食，所以常常"俎豆"连用，代指祭仪，孔子说："俎豆之事，则尝闻之矣。"（见《论语·卫灵公》）即言其擅长祭祀礼制之意。

图 5-14　商代青铜俎

案 其形状功用与俎相似，但秦汉及以后多方案而少言俎。食案大致可分两种:一种案面长而足高,可称几案,既可作为家具,又可用作进食的小餐桌;另一种案面较宽,四足较矮或无足,上承盘、碗、杯、箸等器具,专作进食之具,可称作梜案,形同今天的托盘。自商周至秦汉,案多陶质或木质,鲜见金属案,木案上涂漆并髹以彩画是案中的精品,汉代称为"画案"。

簋 青铜质圆形带足的大碗称簋,或称琏;方形的则叫簠,或称瑚,是商周时期的青铜盛食器。在青铜器产生之前,此类器物是陶质或竹木质,被称为土簋,功能与碗相同。簠簋之称仅存在于夏商周时期,当时除作为日常用具之外,更多表示使用者身份地位的不同。与豆不同的是,簋专盛主食。

图5-15 东周青铜簋

盒 两碗相扣为盒。盒产生于战国晚期,流行于西汉早中期,有的盒内分许多小格。自西汉至魏晋,流行于南方地区,后又出现了方形盒,统称为多子盒;而无盖的多子盒又叫格盘。此类器具均是用来盛装点心的,但扣碗形的食盒也一直在使用,不过已由陶器变成了漆木器或金银器了。

敦 青铜质盛食器,存在于商周两代,盛行于春秋战国,进入秦汉便基本消失。敦呈圆球状,上下均有环形三足(或把手)两耳(或无耳),一分为二,盖反置后,把手为足,与器身完全相同,同样用来盛装黍、稷、稻、粱类谷物食品。方形之敦称彝,但属酒具而非食具。

3. 进食具

在饮食活动中,人们将烹饪好的食物从炊具中取出放入盛食具,再从盛食具中取出放入口腔,这两个过程所需要的中介工具就是进食具。中国传统的进食具可分为勺子

图5-16 东周变形蟠龙纹青铜敦

和筷子两类。筷子一经产生,历3000余年而无功能和形态的变化,因而被视为中华国粹的一种,成为饮食文化的象征。而勺类进食具的历史则更为久远,发展变化的过程相对而言要复杂些。

筷子 古称"箸",至明代始有"筷子"之称。考古发现最早的箸出于安阳殷

墟商代晚期的墓葬中，而文献中曾记载商纣王使用过用象牙精制而成的筷子。但中国发明使用箸的历史肯定要早于商代。这种首粗足细的圆柱形进食具，最早应是以木棍为之，商周时期出现青铜制品，汉代则流行竹木质，且多有髹漆，至为精美。隋唐时出现了金银质箸，一直用到明清。宋元间出现了六棱、八棱形箸，装饰也日渐奢华。明清时宫廷用箸更是用尽匠心，工艺考究且有题诗作画的箸实际上已成为高雅的艺术品。

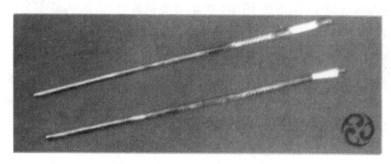

图 5-17　元代银箸

瓢、魁　将完整的葫芦一剖为二，便成了两个瓢。最早的瓢就是圆形带柄并是木质的，后来又有了陶瓢和金属瓢。汉代的瓢，方形，平底，既可舀水，也可直接进食，称为"魁"。瓢之较小者称为"蠡"，古语有"以蠡测海"。瓢、魁之类既然可舀水进食，当然也可用以挹酒。考古研究表明，上古之世，用于舀酒的器具除了陶质木质外，尚有以动物甚至人脑壳为瓢者。

勺　勺在功能上可分为两种：一种是从炊具中捞取食物放入盛食具的勺，同时可兼作烹饪过程中搅拌翻炒之用，古称匕，类似今天的汤勺和炒勺；另一种是从餐具中舀汤入口的勺，形体较小，古称匙，即今天所谓的调羹。但早期的餐勺往往是兼有多种用途的，专以舀汤入口的小匙的出现应是秦汉以后的事。考古发现最早的餐勺距今已有 7 000 余年的历史了，属新石器时代。当时的勺既有木质、骨质，也有陶质的。夏商周出现的铜勺带有宽扁的柄，勺头呈尖叶状，之所以谓之"匕"，是因为勺头展平后形如矛头或尖刀，"匕首"之称即指似勺头的刀类。自战国起，勺头由尖锐变为圆钝，柄亦趋细长，此形态一直为后代沿袭，秦汉时流行漆木勺，做工华美，并分化出汤匙，此后金、银、玉质的匕、匙类也日渐增多，餐桌上的器具随着食具的多样化而更加丰富了。

在古代的饮食活动中，餐勺与箸往往是同时出现并配合使用的。周代时曾规定，箸只能取菜类，而取米饭粥食则必须用匕，分工十分明确。但后来，这一礼制随着时代的变迁而日渐淡化。

4. 贮藏具

广义上讲，用于贮藏食物原料与食物成品的器具均可归为此类。腌制食品的容器也可称为贮藏器。这类器物的构成比较繁杂，包括瓮、罐、仓、瓶、壶、菹罂等类，既有存贮粮食的，也有汲水蓄水的，还有存贮食物的。部分盛食具如盆、盘类也兼有储藏的功能。

瓶 一种小口深腹而形体修长的汲水器，新石器时代的陶瓶形式多样而且大小悬殊，尤以仰韶文化遗址中的小口尖底瓶最有特色，进入青铜器时代以后，金属瓶虽已出现，但数量甚少，用于汲水的瓶仍以陶质为大宗。形体较小的瓶进而兼具盛酒的功能。

罐 罐是小口深腹但较瓶宽矮的器物的泛称，考古所指称的罐包括瓮、缶、瓴等多种器物。直到北魏时期，文献中才有"罐"的名称，但也无确切所指。现可将新石器时代及其以后用于汲水、存水和保存食品而难以明确归入其他器类的小口大腹器物统谓之罐。

瓮 这是罐类器物的基本形态，用以存水、贮粮，当然也可贮酒，但装酒的瓮多称为甔或卢，形体稍小的瓮可称为瓴，一般在口沿部位有孔以备穿绳索，主要用于汲水。另有一种形态与瓮相近的汲水器名为缶，有盖，秦国曾以此为乐器。

图 5-18 新石器时代晚期的陶罐

图 5-19 出土于大汶口文化遗址的红陶黑彩壶

壶 形态介于瓶和瓮之间且有颈的器物称为壶。因其形似葫芦而得名。壶可存水，也用以存贮粮，另有一部分盛酒，用作量器的壶叫钟。陶壶自新石器时代产生后一直沿用，后又有金属制品及瓷壶行业。

菹罂 形状似瓮但有内外两层唇口，并加有盖，实际就是今天所说的酱菜坛子。菹就是酸菜，罂就是类似瓮的存粮贮水陶器，其命名已示用途。周代已有腌制食品，但尚未发现其制作器具，最早的菹罂出自汉代墓葬，魏晋唐宋遗址也屡有出土。

第二节 酒 具

一、中国酒具的历史演变

中华民族从进入新石器时代、发明农业开始,至今已有上万年的历史,此间,酒具也经历了千变万化的发展过程。

流传至今的最早的酒具是陶具。而根据陶器的形制和事物发展的一般规律,可以推测最早用作酒具的应该是匏瓠类植物果壳、兽角以及极易成形的竹木器。大约 5 000 多年前,漆酒具产生了。过了 1 000 多年,夏代青铜酒具被发明出来。到了商代又出现了原始瓷酒具和象牙酒具。到了东周时期,金银酒具面世了。到了汉代,又发明了玻璃酒具和玉酒具。至此,各类酒具皆已齐备。从这一发展过程可以看出,中国古代酒具的发展无疑也是以当时整个社会的生产力发展水平为基础的。

另一方面,不同质地的酒具,皆有其各自的兴衰过程。

图 5-20 汉代玉杯

陶酒具从新石器时代一直流行到商代,商代以后就退居次要地位,但一直没有绝迹,至今仍在使用。漆酒具出现于新石器时代,但直到东周时才大放光彩,至汉代达到高峰,此后便颓然衰落。青铜酒具始见于夏代,鼎盛于商周,东周时开始萎缩,汉代时仍有一些青铜酒具,再以后就比较少见了。瓷酒具在商周时期比较珍惜,秦汉亦不多见,魏晋以来大兴于世,唐宋时期推陈出新,明清时期再显高潮。金银酒具始见于东周,盛于隋唐,至宋辽时期依然流行,此后虽至明清不绝,但不再盛行于世。玉酒具自汉代开始步入高潮,到了唐代相当兴盛,后流行不绝。玻璃酒具一直没有形成大的气

图 5-21 唐代银鎏金锤揲酒器

候,始终是个陪衬者,角、牙酒具也与玻璃酒具一样,没有扮演过主角。这可能与其生产难度大和名贵的角、牙等原料稀少有关。

综观中国古代酒具的演进历史,可以看出,在古代社会生活中流行的酒具,先后是陶器、青铜器、漆器、瓷器,而其他种类的酒器则皆未占据过主导地位。

二、中国古代酒具的分类

由于酒在中国古代社会中扮演着重要的角色,所以酒具也就倍受重视,地位尊崇。古代酒具因用途不同而分有许多种类,且形态各异,可谓五彩缤纷,无奇不有。根据酒具的质地,可将古代酒具分为十二种,即陶器、瓷器、漆器、玉器、青铜器、玻璃器、象牙器、兽角器、蚌贝器、竹木器、匏瓠器等等。从用途上,则可分为六大类,即盛储器、温煮器、冰镇器、挹取器、斟灌器、饮用器等。另外,还有酿酒和娱酒器具。

盛储器主要包括缸、瓮、尊、罍、瓿、缶、彝、壶、卣、枋、瓶、罂等。

温煮器主要有盉、鬶、斝、樽、铛、爵、炉、温锅、注子等。

冰镇器主要有鉴、缶、尊、盘、壶等。

挹取器有勺、斗、瓢等。

饮用器有杯、爵、觚、觯、角、羽觞、卮、觥、碗、盏等。

斟灌器有盉、鬶、斝、觥、执壶、注子等。

娱酒器主要有骰子、令筹、箭壶、金箭、酒牌令等。

酿酒器有发酵器、澄滤器等。

当然,也有不少器物是一器多用的,如爵既是饮酒之具,也可用于温酒;盉、鬶、斝、注子等酒器,不仅可温酒,也可以作为斟灌器使用。

三、中国古代酒具的造型与装饰艺术

早在新石器时代,就有了仿照动物形象而制作的肖形酒器,如仰韶文化的鹰形陶尊、人形陶瓶,大汶口文化中的狗形和猪形陶鬶,良渚文化中的龟形和水鸟形陶壶,均生动逼真,别有情趣。新石器时代陶酒器在装饰上也颇为讲究,或者绘以色彩绚丽的花纹,或者雕刻神秘奇怪的动物和几何图案。用高岭土制作的白陶鬶,洁净坚实,雅致宜人;而经特殊工艺烧造的黑陶罍,黑亮如漆,光鉴照人;蛋壳酒杯,胎薄体轻,可谓鬼斧神工。

商周时期以青铜酒器为大宗,其他质料的酒器如陶器、原始瓷器、象牙器和漆器则为辅助。商周时期的青铜酒器,谱写了青铜雕塑艺术史上的辉煌篇章。

首先，是肖形铜酒器取材广泛，造型优美，凡生活中常见的动物，如马、牛、羊、豕、虎、象、兔、鸭，甚至日常罕见的犀等，都被用作青铜尊的铸仿原模，而且模仿准确，刻画细腻，惟妙惟肖；而兽形铜觥，则往往糅合了多种动物于一体，亦鸟亦兽，神奇诡秘。著名的"虎食人铜卣"，不仅人兽逼真，而且内涵丰富，把青铜雕塑艺术发展到表现社会现象乃至故事情节的高度。

其次，商周青铜酒器的装饰艺术更是丰富多彩。商代晚期和周初，青铜酒器上的花纹图案务求精细繁复，不惜工本，从平面装饰到立体装饰，花样迭出，其中著名的"龙虎尊"和"四足方体盉"等，成功地运用

图 5-22 商代四羊方尊

了阴刻、浅浮雕、高浮雕及圆雕等多种艺术手段，使之豪奢华丽，堪称一绝；图案以狞厉诡秘的饕餮（以龙为主体）为大宗，一派规整庄严之气，极少轻松活泼之风。西周后期的青铜酒器，逐渐转向追求活泼明快、流畅奔放之艺术效果的新风尚。几何形花纹异军突起，陕西出土的青铜酒器"颂壶"，把这种艺术风格发挥得淋漓尽致。东周及秦汉的青铜酒器，不但承袭了西周时期青铜装饰艺术的新格调，图案内容世俗化倾向较为明显，建筑、人物、鸟兽、花卉等皆在表现之列。东周时期，图案更加具象化，有的直接附加与实际存在的动物完全一样的饰件，如河南省新郑的"莲鹤方壶"上的鹤鸟，就与真的鹤鸟无异，开一代新风。

图 5-23 春秋时期兽头盉

图 5-24 春秋时期莲鹤方壶

我国最早的漆酒具出现于夏末商初,东周及秦汉时期的漆酒具,在花纹图案方面有独到的艺术成就。有的花纹描绘细致,栩栩如生,有的似行云流水,优雅畅快,而其色彩的调配,则力求对比鲜明,奔放热烈。

最早的瓷酒具出现于商初,由于制作质量较差,被称为"原始瓷",较为成熟的瓷酒具产生于汉代,造型浑厚凝重,釉色沉而不浮,花纹疏朗典雅。汉代以后的瓷酒具,造型由雄浑转秀丽,由凝重转至灵巧;釉色千变万化,图案内容丰富多彩,典雅的贴画、奔放的舞蹈、醉人的诗篇、脍炙人口的典故、生动活泼的动物,都可成为装饰图案。釉彩方式各不相同,有釉上彩、釉下彩、青花、斗彩,五光十色。

图 5-25 唐代掐丝花卉金杯

唐宋时期的金银酒具,开创一代新风,一派大国盛世气象,生活气息浓厚。造型略显单一,重视器体上的图案花纹,如花卉鸟兽,情趣盎然;驰马射猎,场面壮观;人物故事,形象生动。在艺术风格上追求豪华与典雅,凡龙、凤、龟、鱼、天马、神鹿、孔雀、鸳鸯、牡丹、莲花,都是金银酒具装饰图案的突出主题,一派祥和、富足和强盛之气,充分体现了大唐盛世的社会现状。

元明清时期,主要以瓷酒具和金银酒具为主,泱泱大国的思想渗透其中。上层社会饮酒者所用的瓷器和金银器,有的诗文墨彩,有的金玉珠宝,极尽奢华。平民百姓的酒具则朴素无华,表现出中国百姓恬淡和无争的心态。

第三节 茶 具

一、古代茶具的种类

中国茶艺是一种物质活动,更是精神艺术活动,中国茶具则更为讲究,不仅要好使好用,而且要有条理、有美感。所以,早在《茶经》中,陆羽便精心设计适于烹茶、品茶的二十四器。

(1)风炉:为生火煮茶之用,以锻铁铸之,或烧制泥炉代用。

(2)筥:以竹丝编织,方形,用以采茶。

(3) 炭挝：六棱铁器，长一尺，用以碎碳。

(4) 火夹：用以夹碳入炉。

(5) 鍑（釜）：用以煮水烹茶，多以铁铸之，唐代有瓷釜、石釜、银釜。

(6) 交床：以木制，用以置放茶鍑。

(7) 纸囊：茶炙热后储存其中，不使泄其香。

(8) 碾、拂末：前者碾茶，后者将茶拂清。

(9) 罗合：罗用以筛茶，合用以贮茶。

(10) 则：如今之汤匙，用以量茶的多少。

(11) 水方：用以贮生水。

(12) 漉水囊：用以过滤煮茶之水，有铜制、木制、竹制。

(13) 瓢：杓水用，有木制。

(14) 竹筴：煮茶时环击汤心，以发茶性。

(15) 鹾簋、揭：唐代煮茶加盐去苦增甜，前者贮盐花，后者杓盐花。

(16) 熟盂：用以贮热水。唐代人煮茶讲究三沸，一沸之后加入茶直接煮，二沸时出现泡沫，杓出盛在熟盂之中，三沸将盂中之熟水再入鍑中，称之"救沸"、"育华"。

(17) 碗：是品茗的工具，唐代尚越瓷，茶碗高足偏身。此外还有鼎州瓷、婺州瓷、岳州瓷、寿州瓷、洪州瓷。以越州瓷为上品。

(18) 畚：用以贮碗。

(19) 扎：洗刷器物用，类似于现在的炊帚。

(20) 涤方：用以贮水洗具。

(21) 渣方：汇聚各种沉渣。

(22) 巾：用以擦拭器具。

(23) 具列：用以陈列茶器，类似现在酒架。

(24) 都篮：饮茶完毕，收贮所有茶具，以备来日。

图 5-26 红木茶具

在古代，文人的饮茶过程，就是完成一定礼仪、追求精神自由和心灵空静的高尚境界的过程，而用器的过程也就是享受制汤与营造美境的过程，所以，古代士大夫阶层在饮茶过程中，用如此复杂多样的器具，这也就不足为怪了。

二、古代茶具的发展规律

纵观中国茶具的发展历史，可知我国茶具发生、发展过程的亦步亦趋，总是烙印着朝野上下的生活方式、饮茶习尚、审美态度以及制作工艺的标记。茶山莽莽,茶具纷纷,千百年来茶具之间的共性在其历史传承中已形成了鲜明的传统特点,而其新的创造又都反映其所在时代的特点。主要反映在以下四个方面。

(1) 制作茶具的"章法"。陆羽提出了四点:一是"因材因地制宜";二是"持久耐用";三是"益于茶味,不泄茶香,力求'隽永'";四是"雅而不丽","宜俭"。这四条,除皇家御用之外,千百年来基本上依此而行。但在尊重"祖法"的前提下,也时有改进,且是改得更加美好、更加适用。如在器具的造型方面,为了茶香不泄,工匠们给碗形茶具加上一个稍稍小于碗口的盖子,同时又将漆木托盏逐渐移入陶瓷工艺,终于成为茶具家族中的大件。对于短而直的壶嘴,也慢慢改为细而长的两弯嘴或三弯嘴,用以保持壶内的茶味。

(2) 制作茶具的原材料。陆羽提到的就有竹、木、匏、蛤、铁、铜、银、绢、纸、陶、瓷等,但在发展过程中,因为陶土蕴藏广泛、作坊遍及南北、烧造费用低廉、瓷釉洁净而宜茶的缘故,所以陶瓷茶具大受品茗者的青睐。陆羽提出"宜茶"的瓷瓯产地有越州、邢州、鼎州、婺州、岳州、寿州、洪州七大窑场,烧造出了具有地方特色和窑别个性的茶具。与此同时,在某些特种工艺擅名的地区,也还制造出少数银、锡、髹漆茶具,供人享用。

图 5-27 辽代黄釉茶盏

(3) 最初陆羽称道的青釉或黄釉瓷茶具,皆因素面无饰而博得人们的喜爱。唐代虽然出现了三彩陶茶具,但它是色釉融合,天工成形。再如盛产"小龙团"的建州附近烧出的茶碗,也是自然妆点,宛若瓯底云端,都不能算是装饰。但自晚唐时期南方长沙窑、北宋时期北方磁州窑开始与文人合作,将绘画、书法、诗词、题记与印章移入陶瓷茶具后,各地制造工匠也就纷纷效仿,且有不少佳作问世,从而使得那些"起尝一瓯茶,行读一卷书"的文人茶客不仅借茶"洗尘心"、"助诗兴",而且还能够让自己的情感进入茶具之中。

(4) 宜兴是历史上有名的茶乡,更是埋藏丰富"甲泥"的所在。甲泥是一种含铁量高、可塑性强、收缩率小的最为理想的制作茶具的泥土。一件件设计精巧、制作精美的紫砂茶具在这里应运而出,宜兴遂成我国唯一的"创烧"茶具的故乡。回顾近 700 年的历史,宜兴创烧的茶具,无论是罐、壶还是盘、碗,都是和煮茶、饮茶、储茶,以及以茶待客会友的习尚相适应。工匠们在制作紫砂茶具时,将作品的大小、样式和装饰都紧紧地围绕着一个"茶"字做文章,并在这方面积累了丰富的经验。换言之,宜兴的制作紫砂茶具的工匠们,对陆羽的制作茶具的四条"章法"所悟甚为透彻,这在他们的紫砂茶具作品有着深刻的体现。

 同步练习

1. 饪食具的诞生历程怎样?其发展过程又经历了哪三个阶段?
2. 中国古代饪食具分为几类?甑属于哪一类?其主要特点是什么?
3. 青铜酒具是在什么时候被发明出来的?
4. 按用途分,中国古代酒具可分为哪几大类?
5. 商周时期的青铜酒器,其装饰艺术有什么特点?
6. 中国古代茶具之间的共性在其历史传承中已形成了鲜明的传统特点,而其新的创造又都反映其所在的时代。主要反映在哪几个方面?

第六章 中国古代饮食风俗

食俗,是指广大民众在平时的饮食生活中形成的行为传承与风尚,它基本能反映出一个国家或民族的主要饮食品种、饮食制度以及进餐工具与方式等。食俗是特定的自然因素和社会因素对某个区域或某个民族长期影响和制约而自发形成的一种民俗事象,具有调节和规范群体内部成员之间的相互关系和行为的作用。中国是56个民族的大家族,每个民族都有自己比较独特的日常食俗。

第一节 日常食俗

中国家庭的传统是主妇主持中馈,菜品多选用普通原料,制作朴实,不重奢华,以适合家庭成员口味为前提,家常味浓。讲究吃喝的富足人家或达官贵族,则多成一家风格,如"孔府菜"、"谭家菜"等。

从用餐方式看,古人用餐时跪在席上,并采取分餐制。古人用餐称"飨",此字在甲骨文中是人们跪在席上用餐的形象。他们把煮肉、装肉的鼎放在中央,而每人面前放一块砧板,这块板叫俎。然后用匕把肉从鼎中取出,放在俎上,用刀割着吃。饭在甑中蒸熟后也用匕取出,放入簠簋,移至席上。酒则贮入罍中,要喝时先注入尊、壶,放在席旁,然后用勺斗斟入爵、觚、觯、杯中饮用。先民吃肉用刀、匕,吃饭则用手抓。西晋以后,生活于北方的匈奴、羯、鲜卑、氐、羌等少数民族陆续进入中原,汉族传统的席地而坐的姿势也随之有了改变,公元5世纪至6世纪出现的高足坐具有束腰凳、方凳、胡床、椅子,逐渐取代了铺在地上的席子。

到了唐代,各种高足坐具已非常流行,垂足而坐已成为标准姿势。在敦煌唐代壁画《屠房图》中,可以看到站在高桌前屠牲的庖丁像,表明厨房中也不再使用低矮的俎案了。而用高椅大桌进餐,在唐代已不是稀罕事,不少绘画作品都提供了可靠的研究线索。桌椅的出现使人们很快地利用它们改变了进餐的方式,众人围坐在一桌,共享一桌饭菜,原来的分餐制逐渐转变为合餐制。

图6-1 《夜宴图》

在上古时期,人们采用的是早、晚二餐制。这种餐制是为了适应"日出而作,日落而息"的生产作息制度而形成的。早餐后,人们出发生产,男狩猎,女采集;日落后,人们劳动归来,一起用餐。《孟子·滕文公上》:"贤者与民并耕而食,饔飧而活。"赵岐注:"饔飧,熟食也,朝曰饔,夕曰飧。"古人把太阳行至东南方的时间称为隅中,朝食就在隅中之前。晚餐称飧,或称晡食,一般在申时,即下午四点左右吃。晚餐只是把朝食吃剩下的食物热一热吃掉。大约到了战国时期,开始有了三餐制。《周礼·膳夫》:"王燕食,则奉膳、赞祭。"郑玄注:"燕食,谓日中与夕食;奉膳,奉朝之余膳。"孔颖达疏:"天子与诸侯相互为三时食,故燕食以为日中与夕,云奉膳奉朝之余膳者,则一牢分为三时,故奉朝之余飧也。"综合这三段文字可知,天子诸侯这些上层社会的食制是一日三餐,早上称为朝食,中午和晚上两餐称燕食。在一日三餐中,朝食最为重要。大约到了汉代,一日三餐的习惯渐渐在民间普及,但在上层社会,特别是皇帝饮食则并非如此,按照当时礼制规定,皇帝的饮食多为一日四餐。而就一般的文化习惯而言,人们的日常餐制主要是由经济实力、生产需要等要素决定的。总体上看,直到今天,一日三餐食制仍是中国人日常饮食的主流。

图6-2 《宫乐图》

作为我国的主体民族,汉族的传统食物结构是以植物性食料为主,主食为五谷,辅食是蔬果,外加少量的肉食。自新石器时代始,我国黄河、长江流域已进入

第六章 中国古代饮食风俗

了农耕社会,由于地理条件、气候等因素的作用,黄河流域以粟、黍、麦、菽为主,长江流域以稻为主。战国以后,随着磨的推广应用,粉食逐渐盛行,麦的地位便脱颖而出。北方的小麦在"五谷杂粮"中的地位逐渐上升,成为人们日常生活中最重要的主粮,而南方的稻米却历经数千年,其主粮地位一直未曾动摇。明清时期,我国的人口增长很快,人均耕地急剧下降。从海外引入的番薯、玉米、土豆等作物,对我国食物结构的变化产生了一定的影响,并成为丘陵山区的重要粮食来源。我国古代很早就形成了谷食多、肉食少的食物结构,这在平民百姓的日常生活中体现得更加明显。孟子曾主张一般家庭做到"鸡豚狗彘之畜,无失其时,七十者可以食肉矣"。长期以来,肉食在人们饮食结构中所占的比例很小,而在所食动物中,猪肉、禽及禽蛋所占比重较大。在北方,牛羊奶酪占有重要地位;在湖泊较多的南方及沿海地区,水产品所占比重较大。直至今日,虽然我国食物结构有所调整,营养水平有较大提高,但是仍然保持着传统食物结构的基本特点。

图6-3 《烹茶图》

此外,汉族人的饮料以茶和白酒为主。人们用茶消暑止渴,提神醒脑,文人更是视之为高雅饮品,所以我国汉族地区广植茶树。茶的品种,以茶型分之,有绿茶、红茶、青茶、黄茶、黑茶、白茶之分;以制作工艺分之,有花茶、紧压茶、萃取茶、果味茶、药用保健茶、含茶饮料等;其名品繁多,更是美不胜收,如西湖龙井、黄山毛峰、洞庭碧螺春、蒙顶甘露等百余种之多。

汉族人对白酒的感情也是至深至真的,饮酒助兴已成为汉族人生活中最常见的调整情绪的一种方式。饮起酒来,"虽无丝竹管弦之盛,一觞一咏,亦足以畅叙幽情"。人们在日常生活中需要有各方面情感和情绪调整,饮酒则可以根据时、地、人、事的不同而起作用,人们饮酒,或成就礼仪,或消愁解闷,或庆功助兴,或饯行游子,或送别友人,可以说,白酒在我国汉族民俗中的婚丧嫁娶、生儿育女及朋友之间的交往中,都是不可缺少的助兴

图6-4 《醉中八仙图》

剂。正因如此,汉族地区历代酿酒、饮酒成风,人们大多用粮食酿造出了香型众多、名称美妙的优质白酒。以香型而论,白酒的基本香型有浓香型、酱香型、清香型、米香型之分;另外,白酒的特色香型有药香型、豉香型、芝麻香型等类型。就名称和品种而言,人们常用"春"命名酿出的品种众多的白酒,如剑南春、御河春、燕岭春、古贝春、嫩江春、龙泉春、陇南春等。以春名酒,最初是因为人们习惯于冬天酿低度酒,春天来临即可开坛畅饮;后来人们认为酒能给人带来春天般的暖意,使人能充分感受春天带来的快乐,一个春字,言简意赅,可谓妙在其中。

第二节　人生礼仪食俗

人生礼俗即人生仪礼与习俗,是指人一生的各个重要阶段通常要举行的仪式、礼节以及由此形成的习俗。一个人从出生到去世要经过许多重要的阶段,而在每个重要阶段来临时,汉族人都会用相应的仪礼加以庆祝或纪念。我国汉族地区多以农业为主,聚族定居是主要的生活方式,汉族人主要通过饮食来实现人生的价值观念。将饮食与治国安邦紧密联系,在人生礼俗中更多地表现为以饮食成礼。

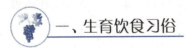

一、生育饮食习俗

在中国,新生命降临人世,是一件可喜可贺的事,许多地方的庆贺仪式是办三朝酒、满月酒等宴会。这些宴会既充满喜庆气氛,也寄托着亲友们对幼小生命健康成长的希望和祝福,所以孩子的外婆和亲友们常带着鸡、鸡蛋、红糖、醪糟等食品前来参加。"三朝酒",又称"三朝宴",古代也称之为汤饼宴,是婴儿诞生的第三天举行的庆贺宴。清朝冯家吉《锦城竹枝词》描写道:"谁家汤饼大排筵,总是开宗第一篇。亲友人来齐道喜,盆中争掷洗儿钱。"汤

图6-5　抓周

饼即面条,它在唐代时通常作为新生婴儿家设宴招待客人的第一道食品。清朝以后,"三朝"的重要食品不再是面条,而是鸡蛋。婴儿满月时也要举行宴会,称

"满月酒",清代顾张思《风土录》载:"儿生一月,染红蛋祀先,曰做满月。"满月设宴的习俗起于唐代,延续至今。俗语道:"做一次满月等于娶半个媳妇。"美味佳肴甚为丰盛,亲朋好友相聚,热闹异常。婴儿满一百天时还要举行宴会,称为"百日酒",象征和祝愿孩子长命百岁。前来祝贺的亲友要带上米面、鸡蛋、红糖及小孩衣物等礼物。

当孩子满一周岁时,许多地方则要举行"抓周"礼,以孩子抓取之物来预测其性情、志向、职业、前途等。是时也要操办宴席,请亲友捧场助兴。

二、婚嫁饮食习俗

孩子长大成年后,婚姻受到高度重视,举行订婚和结婚典礼时都要举办宴会及相应仪式,以饮食成礼,并祝愿新人早生儿女、白头偕老。据傅崇榘《成都通览》载,清末民初的成都人在接亲时有下马宴,送亲时有上马宴,举行婚礼时有喜筵,婚礼后还有正酒、回门酒等,而最隆重的是喜筵,人们以各种方式极力烘托热闹、喜庆气氛,表达对新人新生活的美好祝愿。饺子和枣因其寓意怀孕生子而成为必需的品种,新娘的嫁妆中有饺子,新床的枕头中有枣子,婚宴结束时新娘要单独吃半生半熟的饺子。

陕西一些地方,姑娘出嫁时,要在陪嫁的棉被四角包上四样东西,即枣子、花生、桂圆、瓜子。名义上是给新娘夜间饿了便于取食,实际上是借这四种食品的名字的组合谐音,取意早(枣)生(花生)贵(桂圆)子(瓜子)。鄂东南一带的汉族姑娘出嫁时,母亲要为女儿准备几升熟豆子,装在陪嫁的瓷坛中,新婚翌日用以招待上门贺喜的亲朋。在当地,"豆"与"都"同音,豆子有"所生都是儿子"之意。岭南地区的姑娘出嫁时,嫁妆中少不了要放几枚石榴,以石榴多籽而取"多子多孙"之义。在我国各地,鸡蛋是嫁妆中常见的一种食品,许多汉族地区的人们称鸡蛋为"鸡子",江浙一带汉族姑娘出嫁时的嫁妆中有一种"子孙桶",中要盛放喜蛋一枚、喜果一包,送到男方家后由主婚人取出,当地人称此举为"送子"。嫁妆的两只痰盂里分别放有一把筷子和五只染红的鸡蛋,寓意快(筷)生子(蛋)。

婚宴也称"吃喜酒",是婚礼期间为前来贺喜的宾朋举办的一种隆重的筵席。如果说婚礼把整个婚嫁活动推向高潮的话,那么婚宴则是高潮

图6-6 传统民俗中"早生贵子"的象征

的高峰。旧时,汉族民间非常重视婚礼喜酒婚宴,婚宴成了男女正式结婚的一种证明和标志。婚宴一般在一对新人拜堂后举行,一般分为两天:第一天为迎亲日,名为"喜酌",赴宴者皆为三亲六戚;第二天名为"梅酌",赴宴者皆为亲朋好友。之所以谓之"梅酌",是因为古时婚礼,宾客来贺,需献上一杯放有青梅的酒,因此酬谢亲朋的喜酒谓之梅酒。

图6-7　新妇不跪

新人入洞房后要喝交杯酒。以绍兴汉族为例,喝交杯酒的程序是:由喜婆先给一对新人各喂七颗汤圆;然后由喜婆端两杯酒,新郎新娘各呷一口,交换杯子后各呷一口;最后,两杯酒混合后再让新人喝完。喝完交杯酒,新娘还要吃生瓜子和染成红红绿绿的生花生,寓早生贵子之意。在婚床的床头,预先放了一对红纸包好的酥饼,就寝前,新人分而食之,表示夫妻和睦相爱。而在我国北方的汉族地区,饮交杯酒仪式完毕后,紧接着便是吃"子孙饽饽"。新人各夹一个由女方在女家包制、男家蒸煮的半生半熟的饺子,这就是"子孙饽饽",当新娘吃的时候,要让一个男孩儿在一旁问:"生不生?"新娘羞羞答答地说:"生。"由是可知当地人求子心切。

三、寿庆饮食习俗

古代汉族人把孩子的生日当作"母难日",生日不仅不办庆祝活动,有时还进行"母难"纪念。据《隋书·高祖纪》中记载,六月三日是隋文帝杨坚的生日,他下令这一天为他母亲元明太后的"母难日",禁止宰杀一切牲畜和家禽。大约到了唐代,汉族人开始重视生日庆祝活动,而祝愿长寿是其重要主题。从寿面、寿桃到寿宴,气氛庄重而热烈,无不寄托着对生命长久的美好愿望。所谓寿面,实指生日时吃的面条,古时又称生日汤饼、长命面。因为面条形状细长,便用来象征长寿、长命,成为生日时必备的食品,由此吃法也较讲究,常由过生日者单独食用,并且要求一口气吸食完一箸,中途不能咬断。给朋友过生日祝寿,要备寿酒、寿糕等礼品。中国人尤其重视逢十的生日及宴会,从中年开始有贺天命、贺花甲、贺古稀等名称。寿宴上讲究用象征长寿的六合同春、松鹤延年等菜肴,也常用食物原料摆成寿字,或直接上寿桃、寿面来烘托祝愿长寿的气氛。除通常情况下的寿宴外,旧时在一些特殊时间还要举行比较隆重的寿宴及特殊礼仪,以消灾祈福、益寿延年,称为"渡坎儿"。如在 1 岁、10 岁、20 岁、60 岁、70 岁以及 70 岁以后的每个生日时都必须举行较隆重的寿宴,其规模和档次都较高,常办十几桌或几十桌。寿宴菜品多扣"九"、"八",如"九九寿席"、"八仙菜"。席上必有用米粉制作的"定胜糕"以及白果、松子、红枣汤等。所上菜品,名称甚为讲究,如"八仙过海"、"三星聚会"、"福如东海"、"白云青松"等。而忌上西瓜盅、冬瓜盅、爆腰花等。长江下游汉族地区,逢父或母 66 岁生日,出嫁的女儿要为之祝寿,并将猪腿肉切成 66 小块,形如豆瓣,俗称"豆瓣肉",红烧后,盖在一碗大米饭上,连同筷子一同置于篮内,盖上红布,给父亲或母亲品尝,以示祝寿。肉块多,寓意老人长寿。"八仙菜"一般为烩鸡、韭菜爆肉、八宝米合以粮枣、莲藕炒肉、笋子炒肉、葛仙汤、馄饨、长寿面等,均有象征寓意。

图 6-8 《八仙庆寿图》

四、贺庆饮食礼仪

中国城市或农村都聚集而居,一户有大事、喜事、庆事,往往全体乡里邻居、亲朋好友均来庆贺,有携礼食来贺的,主人家必定招待酒筵答谢。

"上梁酒"和"进屋酒",在中国农村,盖房是件大事,盖房过程中,上梁又是最重要的一道工序,故在上梁这天,要办上梁酒,有的地方还流行用酒浇梁的习俗。房子造好,举家迁入新居时,又要办进屋酒,一是庆贺新屋落成,并志乔迁之喜;一是祭祀神仙祖宗,以求保佑。

"开业酒"和"分红酒",这是店铺作坊置办的喜庆酒。店铺开张、作坊开工之时,老板要置办酒席,以志喜庆贺;店铺或作坊年终按股份分配红利时,要办"分红酒"。

"壮行酒",也叫"送行酒",有朋友远行,为其举办酒宴,表达惜别之情。在战争年代,勇士们上战场执行重大且有很大生命危险的任务时,指挥官们都会为他们斟上一杯酒,用酒为勇士们壮胆送行。

五、丧葬饮食习俗

若逝去的是长寿之人或寿终正寝,则是吉丧,是为一喜,但相对于结婚"红喜"而言为"白喜"。人们在举行丧葬仪式时，也有其特定的食俗。《西石城风俗志》载："（葬毕）为食用鱼肉，以食役人及诸执事，俗名曰'回扛饭'。"这是流行于江苏南部地区旧时汉族丧葬风俗，安葬结束后，丧家要置办酒席感谢役人与执事。凡是吉丧则大多要举办宴席。宴席结束时，宾客常将杯盘碗盏悄悄带走，寓意"偷寿"。对于死者则先摆冥席，供清酒、素点、果品与白花等，到斋七、百天、忌辰和清明时，便供奉死者生前爱吃的食物。汉族民间的一般俗规，是送葬归来后共进一餐，这一餐大多数地方称"豆腐饭"。根据儒家的孝道，当父亲或母亲去世后，子女要服丧。这期间以吃素食表示孝道，据说这是中国民间"豆腐饭"的由来。后来席间也有了荤菜，如今已是大鱼大肉了，但人们仍称之为"豆腐饭"。

此外还有丧礼吃"泡饭"之说，即在抬出灵柩日的一种接待宾客的活动。《西石城风俗志》载："出柩之日，具饭待宾，和豌豆煮之，名曰'泡饭'；素菜十碗、十三碗不等，贫者或用攒菜四碗，豆腐四碗，分置四座。"

丧葬仪式中的饮食，主要是感谢前来奔丧的宾客。这些宾客中，有些人协助丧家办理丧事，非常辛劳。丧家以饮食款待之，一是表达谢意，二是希望丧事办得让各方面满意。至于丧家成员的饮食，因悲伤，往往很简单，陕西汉族民间有"提汤"之俗。丧主因过度悲伤，不思饮食，也无心做饭。此时，亲友邻里便纷纷送来各种熟食，即劝慰主人进食，也用以待客，谓之"提汤"。

丧葬期间的祭品往往也是以食物的形式体现出来。山西长治县一带的汉族人，过去人死后所供祭品分4种：一是三牲祭——猪头、鱼和公鸡；二是三滴水——4大碗、4小碗、4个碟子；三是白头祭——馍去时头；四是刀番祭——0.5公斤猪肉。现在，近亲主要以猪头、三滴水为祭品，一般关系的以糕点为祭品。阳城一带的农村，丧家在出殡前，儿女侄孙辈要提米饭、油食、馍等到坟地吃，撒五谷于地，儿女连土带谷抓在手里，装入口袋，名曰抓富贵。月日这个地区，人死后有"过七"习俗，每逢七日哭祭一次。"七七"仪礼要求备不同祭食。一七馍馍，二七糕，三七齐勒，四七火烧，五七多数吃酸菜、芥菜饺子，六七、七七无定食。然后要过百天、周年、二周年、三周年、五周年、十周年。祭祀时还要烧纸浇汤，祭以水果、食品等，跪拜叩头。十周年过完后丧事才算结束。

第三节　主要节日食俗

汉族的传统节日有很多。据宋朝陈元靓《岁时广记》记载，当时的节日有元旦、立春、人日、上元、正月晦、中和节、二社日、寒食、清明、上巳、佛日、端午、朝节、三伏、立秋、七夕、中元、中秋、重九、小春、下元、冬至、腊月、交年节、岁除等。明清以后基本上沿用这个节日时序，但逐渐淡化了其中的一些节日。至今，仍然盛行的传统节日有春节、元宵节、清明节、端午节、中秋节、重阳节、冬至节、除夕等，而除夕由于在时间上与春节相连，往往被人们习惯地连成一体，作为春节的前奏。

一、春节

夏历元月初一，是中华民族最悠久、也最隆重的传统的节日——春节。

春节，俗称元旦，据《尔雅·释诂》解曰："元，始也。"而"旦"即象形字，表示太阳从地平线上升起，意为早晨。故《玉篇》上释曰："旦，朝也。"而"春节"一词则来源于辛亥革命后，因采用公历（俗称阳历）纪年，则将公历的1月1日称为"元旦"或"新年"，又因农历的"元旦"时值二十四节气的立春前后，故称"春节"。春节期间，人们最重视的是腊月三十和正月初一，其节日食品从早期的春盘、春饼、屠苏酒，到后来的年饭、年糕、饺子、汤圆等，花色多样。

图6-9 迎春

据有关史料记载，先秦时期，春节间"宫廷有祭祀、宴饮之仪，民间有喝春酒的习俗"。至南北朝，即有"长幼悉正衣冠，以次拜贺。进椒柏酒（以椒聊树及柏树之叶浸制而成的酒，原用于祭神），饮桃汤。进屠苏酒、胶牙饧"。宋代王安石有诗曰："爆竹声中一岁除，春风送暖入屠苏。千门万户曈曈日，总把新桃换旧符。"可见，春节之时，合家饮屠苏酒在北宋仍然风行。至明代以后，春节晨起吃年糕，制椒柏酒以结亲戚。至清，寻常百姓，献椒盘，斟柏酒，吃蒸糕，喝粉羹；而上层社会的人家则家宴丰盛，食乐融融。建国后，虽然不少封建迷信已被革除，但不少食俗仍在民间流行。

春节吃"剩饭"，象征吉庆有余。早晨吃除夕做好的汤圆、饺子，寓意团圆、甜蜜、顺利。相传正月初一又是弥勒佛生日，故信佛者不吃荤、不饮酒。年酒，又叫"春酒"，饮年酒之俗始于西周，《诗·豳风》有"为此春酒，以介眉寿"的记述。春节期间宴请亲友，不仅有祝贺新春之意，还有联络感情之效。目前，这一历史遗俗更加盛行，宴席规格也越来越高。

相传正月初五是财神(赵公明)的生日,是日早晨,家家吃饺子,谓之"揣金宝"。中午用丰盛的菜肴来供奉财神,菜肴中必备有鱼头、芋艿,取"余头"、"运来"的谐音;晚上早早关门,置酒守夜,谓之"吃财神酒"。

二、元宵节

这是岁首第一个圆月之夜。按我国夏历的传统规定,正月十五称"上元",七月十五称"中元",十月十五称"下元"。元者,月圆也,象征着团圆美满。"一年之月打头圆",三元中,上元最受重视,故元宵节又称"上元节"。由于这一日的主要庆祝活动都在夜间进行,所以又称"元宵"。

元宵节又称灯节,其活动为放灯,其俗源于汉文帝刘恒。据史料载,陈平、周勃扫除诸吕,推刘恒即位,史称"汉文帝"。汉文帝即位后,广施仁政,励精图治,每逢正月十五,都要微服私访,体察民情。每当此时,长安市民就张灯结彩,恭候皇帝,后渐成俗。文帝将此日定为元宵节,并决定从正月十四到十六解除宵禁(古代都市夜间禁止一般行人来往),开禁三天,让人们在街头尽情欢乐。至汉武帝时,是日

图6-10 元宵灯市

晚上要在宫中张灯一夜,祭祀"太一"天神,以祈求丰年,因这是宫中燃灯,故并不普及。至东汉永平十年(公元67年),蔡音从印度求得佛教,汉明帝刘庄为提倡佛教,敕令在正月十五晚上,家家通宵点灯,以示敬佛。以后相沿成俗,唐朝此俗最盛,后来是日燃灯、观灯逐渐脱离了宗教色彩,成为民间的一种娱乐活动。明太祖朱元璋规定,从正月初八张灯,至十七落灯。

"上灯元宵落灯面"。在正月十三清晨,民间吃元宵(汤圆),象征家人团聚、生活美满。元宵,是宋代民间开始流行的一种新奇食品,即用各种果饵做馅,外用糯米粉搓成球,煮熟后,香甜可口。由于糯米球煮在锅里忽浮忽沉,故最早时人们称之为"浮子",后来成为元宵节的特有食品,有些地方称之为元宵。1912年,袁世凯称帝,他认为"元"与"袁"、"宵"与"消"同音,是词有袁世凯消灭

图6-11 元宵,又名"汤圆"

之嫌，于是，在1913年元宵节前，下令改元宵为"汤圆"，故元宵又有汤圆之称。

古时元宵节除吃元宵以外，还有吃豆粥、科斗羹、蚕丝饭等习俗。今天的元宵节，我国不同地区的汉族食习俗各不相同。上海、江苏一些农村，人们喜吃"荠菜圆"；陕西人有吃元宵菜的习俗，即在面汤里放各种蔬菜和水果；河南洛阳、灵宝一带，元宵节要吃枣糕。如此等等，不一而足。

三、寒食节

是节源于春秋时期，晋公子重耳为避献公之妃骊姬之害，流亡于卫、齐、曹、宋、楚、秦诸国达十九年之久，其贤臣介之推忠心耿耿，当重耳流亡于卫时，粮食尽绝，饥饿难忍，介之推毅然割下自己大腿上的肉，煮熟后给重耳充饥。此后，重耳在秦穆公的帮助下，回国平乱，即国君之位，史称晋文公。在他对随从自己流亡的群臣论功行赏时，唯独忘了功绩卓著的介之推。介之推无视名利，一言不发，决意离开朝廷，与母亲到绵山隐居。其友深感不平，上书提醒晋文公。文公这才想起了介之推，便亲自去绵山找他，但偌大的绵山，难寻他们母子踪影。晋文公想，介之推是个孝子，如果放火烧山，必定会背母亲出来，大火烧了三天三夜，仍不见其踪影，无奈，晋文公只好下令灭火，再进山找，却发现他们母子紧抱着一棵大树，早已被火烧死。为纪念介之推，晋文公将绵山所在地更名为介休（即

图6-12 寒食节吃冷食

今山西中部），意为"介之推永远休息之地"，同时下令，以后每年的这一天，全国禁止烟火，冷食一天。人们敬重这位不贪功名的贤臣，都不忍举火炊食，只吃冷食，久而久之，沿袭成俗，便形成了"寒食节"。

寒食节对人们饮食烹饪活动影响至深，它推动了一些可供冷吃的点心、小吃的创制，如"寒具"以糯米粉和面，搓成细条状，油煎而成，又名粔籹、馓、粢、环饼、捻头、馓子、膏环、米果等，就是这一节日的著名品种。同时寒食节也推动了中国食品雕刻工艺的发展，据史料载，寒食节"城市尤多斗鸡卵之戏"（《玉烛宝典》），对后来的食品雕刻艺术的发展，无疑是良好的开端。

另外，清明食俗是伴随着清明祭祀活动而展开的。是日，家家都要准备丰盛的食品前往本家祖坟上祭奠，祭祀完毕，所有上坟的人围坐在坟场附近食用各种

食品。在江南水乡,尤其是江浙一带,每逢清明时节,老百姓总要做一种清明团子,用它上坟祭祖、馈送亲友或留下自己吃。

四、端午节

夏历五月初,是我国传统的节日——端午节。

据《太平御览卷三十一·风土记》载:"仲夏端午,端,初也。"即指五月的第一个五日。改"五"为"午",事出有因。唐玄宗李隆基生日为八月初五,为避讳,将"五"改为"午",以后,端五改为端午。至于端午的来源,说法有二:一是端午节起源于古代华夏人对龙的祭祀活动,华夏先民以龙为图腾,将伏羲、女娲、颛顼、禹等著名祖先视为法力无边的龙,端午节是祭祀龙的最隆重的节日。另一个是端午节起源于纪念屈原,战国时期的屈原就死于五月初五。此两说者,影响最广、最深的是纪念屈原说。相传,在屈原投江之日,当地百姓出动大小船只打捞他的尸体,为了不让蛟龙吞食屈原,人们又将粘软的糯米饭投入汨罗江,让蛟龙吃后粘住嘴,以后,粘米饭又演变成粽子。端午节吃粽子是最具有代表性的节令食俗。

图6-13 端午节的代表性食俗吃粽子

粽子,古代又称"角黍",魏晋时《风土记》载:"仲夏端五,烹鹜进筒粽,一名角黍。"因其形状有棱有角,并用黍米煮成,故名。制粽子之法,古代初用菰叶裹粘黍,以沌浓灰汁煮成,后多用箬(竹的一种,其叶宽大,至秋季,叶的边缘变成白色)叶裹米,经煮或蒸而成。当今的粽子,其形状、馅料多种多样。北方以北京的江米小枣粽子为佳;南方则以苏杭一带的豆沙、火腿粽子闻名。

这一天,除吃粽子以外,各地汉族人的应节食品很多,江西萍乡一带,端午节必吃包子和蒸蒜,山东泰安一带要吃薄饼卷鸡蛋,河南汲县一带吃油果;东北一些汉族地区,节日早晨由长者将煮熟的热鸡蛋放在小孩的肚皮上滚一滚,而后去壳给孩子吃下,据说这样可以免除日后肚疼。江南水乡的小孩们胸前都要悬挂一个用网袋装着的咸鸡蛋或鸭蛋;而很多地方的汉族人在这一天饮雄黄酒,并用雄黄酒洒于墙角和四壁,以求避邪;还用此酒涂擦小孩子门额,或在额门上画"王"字,预示小孩子如虎之健。

五、乞巧节

夏历七月初七,是我国汉族传统节日——乞巧节,因是节的主要活动在晚上进行,故又名"七夕节"。

七夕来源于牛郎织女的神话传说。这一神话传说西周时就已产生,至汉代,这个故事已经成形,《淮南子》有"乌鸦填河成桥而渡织女"的文字。不少诗人以这个美丽传说为题材作诗,最有名者即宋人秦观《鹊桥仙》:"纤云弄巧,飞星传恨,银汉迢迢暗渡。金风玉露一相逢,便胜却人间无数。柔情似水,佳期如梦,忍顾鹊桥归路。两情若是久长时,又岂在朝朝暮暮!"

图6-14 乞巧节这一天,妇女在庭院里陈列巧果,向天上的织女乞巧

"乞巧节"是妇女的主要节日之一,据史料载,南北朝时民间就有向织女乞巧之俗。据梁宗懔《荆楚岁时记》中记载:"是夕,人家妇女结彩缕,穿七孔针,或以金银俞石为针,陈瓜于庭中以乞巧,有喜子网于瓜上,则为符应。"配合乞巧,巧果应运而生。它是以面和糖炸制而成的食品。关于这种食品,文献史料多有记述,《东京梦华录》:"七夕以油面糖蜜,选取为笑靥儿,谓之果食,花样奇巧。"《清嘉录》:"七夕前,市上已卖巧果,有以面粉和糖,绾(将条状物盘绕成结)作苎(即苎麻)。结之形,油汆令脆者,俗呼为苎结。"这应是今人所食之麻花的最早形态。

六、中秋节

夏历八月十五,是我国民产传统的中秋节,又称"八月节"、"团圆节"。

"中秋"一词,始见于《周礼》一书。汉代,中秋节已成雏形,但时间是在立秋日。至晋,已有中秋赏月之举,但未成风俗。至唐,中秋赏月已很盛行。北宋时始定为八月十五为中秋节,南宋孟元老《东京梦华录》:"中秋夜,贵家结饰台榭,民间争占酒楼玩月。"此时,月饼早已被列为节日佳品。苏东坡有诗云:"小饼如嚼月,中有酥和怡(饴)。"而实际上,中秋吃月饼之俗,早在唐代即已有之,最初,它作为祭月神的食品,当时帝王有春季祭日、秋季祭月的礼制,民间亦有中秋拜月神的风俗。当时祭祀月神的食品除"月华饭"、"玩月羹"外,还有圆形包糖馅的"胡饼",后来改称"月饼"。中秋之夜,合家祭月,祭罢,分食月饼,以示对团圆的喜悦和对美好生活的向往。

在古今月饼的背面,都贴有一张小小的方形纸块,相传与元末的农民起义有关。元末,各地人民纷纷起义,为了统一号令,明太祖的军师刘伯温出一妙计,将统一在八月十五晚上约期起义的秘密传单,制作在月饼里,当参加起义的群众吃到月饼时,看到月饼里的秘密传单,就知道了起义行动的时间,从而一呼百应,推翻了元朝,建立了大明。为纪念此事,人们将小方纸块贴在月饼的后面。

图 6-15 吃月饼是中秋节的重要食俗之一

在清代,详细记载月饼制法的文献有不少,如曾懿的《中馈录》,其中所述月饼的制法与今大致相似。现在的月饼制法,通常是用水油面团或酥油面团做皮儿,内包馅心儿,压制成扁圆形生胚,再烘烤制熟。月饼的面皮儿由于制酥法的不同,起酥程度和类型也不一样。月饼的馅心儿多种多样,诸如枣泥、椰蓉、五仁、豆沙、松仁、火腿等,因而风味各异。

由中秋月饼而来,现在全国各地制作的月饼品种繁多,但归纳起来,有粤、苏、京式三大月饼流派。

是夜,很多地方除吃月饼外,还有吃石榴(相传成熟的石榴有裂口,谓之"开口笑",预示家庭和睦欢乐)、柿子(寓子孙满堂,生生不息)、苹果(平安,有善果)、白藕(藕断丝连,象征全家永不分离)之风俗。

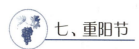 七、重阳节

夏历九月九日,是我国人民传统节日之一——重阳节。

九月九为"重阳",是词最早见于《易经》:"以阳爻为九",以"九"为阳数。九月初九,两九相重,故称"重九",又称"重阳"。屈原诗中有"集重阳入帝宫兮"(见《楚辞·离骚》)之句,说明重阳节早在两千多年前的楚国即已成风。

据南朝梁·吴均《续齐谐记》中载:东汉年间,汝南汝河带瘟疫盛行,危及民生,时有汝南人桓景,为解民危,历经艰辛,入山学道,拜道士费长房为师,求驱瘟逐邪之法,费长房见其心诚、忠厚,收其为徒,传其道术。一日,费长房告诉桓景:"今年九月九日,瘟魔又要害人,你速下山,以解民危。"桓景奉师命,下山后将驱

逐瘟魔之法传于百姓，九月九日这天，他率众登高，将茱萸装入红布袋子中，扎在每人的胳膊上，并要大家饮菊花酒，以挫瘟魔之害，消除灾祸。就在桓景率众登山之后，汝河汹涌澎湃，云雾弥漫，瘟魔来到山前，因菊花酒气刺鼻，茱萸异香烧心，难以靠近。此时，桓景舞剑战魔，斩之于山下，为民除了一害。傍晚，百姓返回家园，发现家中鸡狗牛羊全部死光，唯独登高、饮菊花酒、佩扎茱萸的人们安然无恙。此后，每到九月九日重阳节，人们就要登高野宴，佩戴茱萸，饮菊花酒，以祈求免祸呈祥，并历代相沿，遂为节日习俗，延续至今。

图6-16 重阳节吃重阳糕，喝菊花酒

重阳节这天还有吃重阳糕之俗，重阳糕，因其形色花巧，故又名"花糕"，是重阳节蒸食的节日糕点。重阳糕缘起很早，南朝·梁宗懔《荆楚岁时记》载："九月初九日宴会，未知起于何代，然自汉至宋未改。今北人亦重此节。佩茱萸，食饵，饮菊花酒，云令人长寿。"宋·高承《事物纪原》卷九说："盖饵，糕也。"因此，自汉以来，重阳节食糕的风俗一直沿袭至今。糕有米面或麦面两种，其为甜食中间夹有大枣、核桃、栗子肉、红绿丝等。古时将糕制作九层，取九重吉祥之意。"糕"与"高"同音，重阳节时，老人们和忙于生计未能登高的人，是日有以食糕代替登高的说法。

古代重阳节有饮菊花酒之俗。早在汉代，人们在菊花盛开之际，采其茎叶，杂和黍米，酿成美酒，翌年重阳，即可饮之。后来，饮菊花酒就慢慢演变为赏菊。

重阳节又称"女儿节"，旧时，有接女儿回娘家吃重阳糕的习俗。

八、腊八节

夏历腊月初八，是我国民间传统的节日——腊八节。

腊，本是我国古代的一种祭祀之礼，《左传》僖公五年："虞不腊矣。"杜预注："腊，岁终祭众神之名。""腊"、"猎"古时两字相通，汉·应劭《风俗通》："腊者，猎也，田猎取兽，祭先祖也。"腊祭时所用的供品最初是用猎获的禽兽，这也就是腊（即猎）祭的由来。腊祭的目的，是答谢祖先和天地神灵带给人间的丰收，祈福求寿，避灾迎祥。

腊祭之俗语起源很早，夏朝称之为"嘉平"，商朝称之为"清祀"，周朝称之为

"大腊"。因为腊祭在十二月举行,故十二月又称为"腊月"。早先,腊祭之日并不固定,直到南北朝时才固定为腊月初八。《荆楚岁时记》:"十二月八日,腊日。"自先秦始,腊日即为年节,人们在这一天,要举行盛大而隆重的仪式,以祭诸神,祭典通常由国君主持,仪式结束后,贵族们要大摆宴席请诸客饮酒,老百姓也要聚餐共享,欢度节日。南北朝固定腊日后,腊月初八就成了节日。

至于后世吃腊八粥的腊八节,与古代的腊日,本是两回事。《荆楚岁时记》虽然提及十二月初八为腊日,但并无吃腊八粥的记载,直到宋人写的《东京梦华录》、《梦粱录》诸书,仍然把"腊日"、"腊八"区别得很清楚。如《梦粱录》载:"此月(十二月)八日,寺院谓之腊八,大刹等寺俱设五味粥,名曰腊八粥。"许多文献史料对腊八粥还作了详细介绍,如南宋人周密《武林旧事》中说:"八日,则寺院及人家用胡桃、松子、乳蕈(蕈,可食用的菌菇;乳蕈,嫩质蘑菇)、柿、栗之类作粥,谓之腊八粥。"另据清·富察敦崇所撰《燕京岁时记》载:"腊八粥者,用黄米、白米、江米、小米、菱角米、栗子、红豇豆、去皮枣泥等合水煮熟,外用染红桃仁、杏仁、瓜子、花生、榛瓤(即榛仁)、松子及白糖、红糖、琐琐(细碎貌)葡萄,以作点染。"可见,腊月初八吃腊八粥的风俗是在宋代以后才从佛教寺院传到民间,并逐渐普及开来的。

图6-17 十二月初八为腊八节,这一天有吃腊八粥之俗

吃腊八粥的习俗本源于佛教。相传佛祖释迦牟尼在成佛前曾遍游印度名山大川,寻求人生真谛,历尽千辛万苦,由于饥饿劳累而昏倒在地,幸遇一牧女煮成乳糜(煮米使成糜烂状)粥(以牲乳和米煮成烂粥)喂他,使他恢复健康。于是他在尼连河里洗了个澡,然后在菩提树下静坐沉思,终于悟道成佛。这一天正是十二月八日,故后来的寺院僧侣每到这天都要诵经、浴佛,并煮粥供佛,以纪念佛祖。宋代以后,因附会了佛教的传说,传统的腊日祭百神的习俗逐渐为吃腊八粥所代替。明清两代,每逢腊八,宫廷中不但要煮粥,而且用来分赐百姓。在清代品种繁多的腊八粥中,最具传奇色彩的要属雍和宫的腊八粥,据说,雍和宫熬腊八粥的锅大得出奇,可"容米数石"。

古时,腊八粥不仅配料讲究,而且工序也考究。先用旺火,后用文火,使粥的稠度适当,吃时加糖,或拌煮红枣、栗子等,因地方不同,风味也就不同,这就使腊八粥的品种变得更为多样。至今,腊八节煮吃腊八粥的风俗仍很盛行,品种也更多了。

九、除夕

除夕,也称除夜。有除旧布新之意。宋人吴自牧《梦粱录》载:"十二月尽,俗云'月穷岁尽之日',谓之'除夜'。士庶家不论大小家,俱洒扫门闾,去岁秽,净庭户,换门神,挂钟馗,钉桃符,贴春牌,祭祀祖宗。遇夜则备迎神、香花、供物,以祈新岁之安。"这段话概括了除夕的主要活动。

图6-18 中国大多数家庭在除夕夜包饺子

在食俗方面,春节当令的食品主要是饺子,饺子最晚出现于唐代,1972年新疆吐鲁番地区发掘的唐代墓葬中发现了一个木碗中盛着饺子,与今之饺子之形无异,由是可证。宋文献中有"角子"一词,明文献有"水角儿"一词。《金瓶梅》第八十回:"月娘主张,叫雪娥做了些水角儿,拿到面前与西门庆吃。"元代又称"扁食",成书于元末的《朴事通》就曾提道:"你将那白面拿来,捏些扁食。"而饺子作为春节食品,大约始于明代,明人沈榜《宛署杂记》载:"元旦拜年,作扁食。"刘若愚《酌中志》也说:"初一日正旦节,吃水点心,即扁食也。"至于北方许多地方,还称饺子为扁食。明、清明习俗,饺子必须在除夕之夜亥末子初时(相当于今之夜里11时)包完,取"更岁交子"之义,在"交子"的"交"上加"饣"旁,便成了"饺子"。

另外,是日有蒸年糕之俗。年糕,取糕之谐音"高"。寓意"步步登高"、"年年高升"。此俗相传为纪念吴国忠臣伍子胥而成。

公元前514年,吴王阖闾(音和庐)接受忠臣伍子胥建议修建王城,联齐抗越,并令伍子胥负责此事。公元前484年,阖闾死后,其子夫差继位,他不听伍子胥之劝,起兵北上伐齐,并于临蔡(今山东省泰安)打败齐军。吴王班师回来,百官皆出城迎接,唯有伍子胥忧心如焚,他回营后,悄悄对身边几个亲信说:"待我死后,倘国有难,民众缺粮,汝等可于象门之城墙处掘地三尺,可得食粮。"后,伍子胥受人诬陷,被夫差赐剑自刎。不久,越王勾践攻吴,京都被困,城中粮尽,军民多被饿死。后,伍子胥的亲信想起伍子胥的嘱咐,于象门挖地四尺,得大量"城砖",这些"城砖"原是用糯米蒸制后压成,十分坚硬,既可用以砌墙,又可用以充饥。这是当年忠臣伍子胥建城楼时暗中设下的"屯粮防急"之计。从此,每逢除夕,百姓就蒸制"城砖"样的糯米年糕,以追念忠臣伍子胥的功绩。代代相沿,遂成民间一俗。

除夕夜祭神祭祖后,全家人聚坐食饮,举行守岁家筵,席上必有鱼,不少地方有"看鱼"之俗,即不吃席上之鱼,"余"着明年吃。筵中必有酒,旧时饮屠苏酒,饮酒必要吃饺子。而饮屠苏酒来源于屠苏散,据宋人陈元靓《岁时广记》卷五载:"俗说屠苏者,草庵之名也,昔有人居草庵之中,每岁除夕,遗里间药一贴,令囊浸井中,至元日,取水至于酒樽,合家饮之,不病瘟疫。今人得其方而不识其名,但曰屠苏而已。"另据孙真人《屠苏饮论》载:"屠者,言其屠绝鬼气;苏者,言其苏醒人魂。其方用药八品,合而为剂,故亦名八神散。大黄、蜀椒、桔梗、桂心、防风各半两,白术、虎杖各一分,乌头半分,咬咀以降囊贮之。除日薄暮,悬井中,令至泥,正旦出之,和囊浸酒中,倾时,捧杯咒之曰:一人饮之,一家无疾,一家饮之,一里无痛。先少而后长,东向进饮,取其滓悬于中门,以避瘟气。三日外,弃于井中,此轩辕皇帝神方。"也有说屠苏酒是唐代名医孙思邈留下的,据说他每年腊月都要分送给朋友、邻里一包药,要大家泡在酒中,除夕饮尽,可防瘟疫。以后除夕饮屠苏酒历代相传,沿袭成俗。陆游有"半盏屠苏犹半举,灯前小草写桃符"(见《除夜雪中》)的诗句;苏轼也有"但把穷悉博长健,不辞最后饮屠苏"(见《除夕野宿常州城外》)的词句。现在屠苏酒已不多见,但饮酒之风盛行不衰。

 同步练习

1. 汉族传统的席地而坐的姿势是在何时改变的?为什么?
2. 汉族原来的分餐制转变为合餐制是从何时开始的?为什么?
3. 在古代,婴儿诞生的第三天举行的庆贺宴叫什么宴?
4. 以绍兴汉族为例,喝交杯酒的程序怎样?试描述。
5. 所谓寿面,实指生日时吃的面条,古时又称把这种寿面又称作什么?
6. 试说明春节的来历。你家乡的春节食俗有什么特点?
7. 元宵,是何时开始流行的一种食品?
8. 寒食节的来历怎样?其主要食俗的特点如何?
9. 有关端午节的起源有几种说法?为什么这一天要吃粽子?粽子的古名是什么?
10. 中秋吃月饼之俗早在何时即已有之?
11. 饮菊花酒是哪个节日的食俗?

图书在版编目(CIP)数据

中国饮食文化史/马健鹰编著.—上海:复旦大学出版社,2011.5(2023.8重印)
(复旦卓越·21世纪烹饪与营养系列)
ISBN 978-7-309-08066-7

Ⅰ.中… Ⅱ.马… Ⅲ.饮食-文化史-中国 Ⅳ.TS971

中国版本图书馆 CIP 数据核字(2011)第 060319 号

中国饮食文化史
马健鹰 编著
责任编辑/谢同君 罗 翔

复旦大学出版社有限公司出版发行
上海市国权路 579 号 邮编:200433
网址:fupnet@fudanpress.com http://www.fudanpress.com
门市零售:86-21-65102580 团体订购:86-21-65104505
出版部电话:86-21-65642845
上海新艺印刷有限公司

开本 787×1092 1/16 印张 9.25 字数 163 千
2023 年 8 月第 1 版第 4 次印刷
印数 6 301—7 400

ISBN 978-7-309-08066-7/T·412
定价:26.00 元

如有印装质量问题,请向复旦大学出版社有限公司出版部调换。
版权所有 侵权必究